Yossef Rapoport

ISLAMISCHE KARTEN

Yossef Rapoport

ISLAMISCHE KARTEN

Der andere Blick auf die Welt

Aus dem Englischen
übersetzt von Jörg Fündling

أفلاك الأرض

الاقليم الاول

الاقليم الثاني

الاقليم الثالث

الاقليم الرابع

الاقليم الخامس

الاقليم السادس

اقليم سابع

البطين الشرطين رشا موخر مقدم اخبيه سعود بلع الذابح البلدة النعايم الشولة

Inhalt

Einleitung

DIE ISLAMISCHEN GESELLSCHAFTEN haben einige der außergewöhnlichsten und spektakulärsten Karten hervorgebracht, die wir aus der vormodernen Welt überhaupt kennen – Karten, in denen sich die unverwechselbaren Charakterzüge und die großen Leistungen der islamischen Kultur wiederfinden. Da die Muslime im Zentrum der Alten Welt lebten, befanden sie sich in einer einmalig günstigen Position, um die Grenzen der bewohnten Welt zu erkunden, und ihre Karten reichten bis an die äußersten Horizonte ihrer Geographiekenntnisse. Den Großteil des Mittelalters über standen muslimische Gelehrte an der Spitze der Mathematik und der Astronomie, und die Erkenntnisse daraus verstanden sie auf die Darstellung des Raumes zu übertragen. Gleichzeitig hatte die muslimische Kunst charakteristische Stilformen entwickelt, die vielfach auf geometrischen Mustern und auf der Kalligraphie beruhten. Muslimische Kartenmacher vereinten also geographisches Wissen mit Wissenschaft und Kunst und reicherten das mit neuen kartographischen Konzepten an. Die Ergebnisse waren ästhetisch oft atemberaubend, mathematisch raffiniert und mit politischer Bedeutung aufgeladen, dazu stellten sie ein Loblied auf die Vielfalt des menschlichen Lebens dar. Wohl keine andere Quellengattung spiegelt so viele Dimensionen der islamischen Kultur, und kein anderes Kunstobjekt eignet sich besser als Fenster in die Weltsicht der islamischen Gesellschaftsformen.

Dieses Buch erzählt die Geschichte solcher Karten und der Männer, die sie angefertigt haben. Manche dieser Karten sind zwar vertraut, doch häufig verwendet man sie heute rein dekorativ, als Schmuck für Bucheinbände und als Abbildung zu Gesamtdarstellungen der islamischen Geschichte, ohne ihre eigene Bedeutung und die darin niedergelegten Thesen zu beleuchten. Einerseits ist die Spezialforschung zur islamischen Kartographie inzwischen weithin eine Sache der Geschichte der Naturwissenschaften, deren Schwerpunkt bislang üblicherweise die mathematische Genauigkeit und die Projektionsverfahren bilden, während der soziale und politische Kontext, in dem die Karten entstanden, oft auf der Strecke bleibt. Andererseits finden sich die islamischen Karten in Gesamtdarstellungen zur Geschichte der

Kartographie häufig an den Rand gedrängt. Entsprechend einer weit verbreiteten Sichtweise auf die islamische Kultur tauchen die Karten häufig als bloßes Vorspiel zur europäischen Kartographie der Frühen Neuzeit und der Moderne auf, die generell als erfolgreicher und exakter gilt.

In den letzten Jahrzehnten, vor allem seit dem Anbruch des digitalen Zeitalters, haben islamische Karten mehr Aufmerksamkeit erhalten als zuvor.[1] Zum Teil liegt das an einem tiefgreifenden Wandel im Grad ihrer Sichtbarkeit und Zugänglichkeit. Online-Hilfsmittel erlauben es Forschenden und der weiteren Öffentlichkeit inzwischen, eine einst unvorstellbare Fülle von Karten zu betrachten, zu vergleichen und auszuwerten, die bis vor Kurzem in den Bibliotheken begraben waren und lediglich einer kleinen Gruppe energischer Akademiker*innen mit den nötigen Forschungsgeldern zugänglich waren. Die wachsende Faszination, die von den islamischen Karten ausgeht, ist außerdem Teil eines steigenden Interesses an der Geschichte der Karten insgesamt, das durch neue mobile Technologien verstärkt wird, die unsere Art, uns in der Welt zu orientieren und zurechtzufinden, revolutioniert haben. Und schließlich befinden wir uns in einer Gegenwart, in der unsere Ansichten über den Islam selbst hinterfragt werden. Als Gegengewicht zu einem eindimensionalen Islambild, das allein auf Rechtstexten beruht, ergibt das Studium der materiellen Zeugnisse ein komplizierteres, pluralistischeres Bild der islamischen Gesellschaften, das den Realitäten der Vergangenheit gerechter wird. In diesem Kampf um die künftige Entwicklung des Islam können Karten eine große Rolle spielen.

Um die Karten zu verstehen, die in vormodernen islamischen Gesellschaften entstanden sind, müssen wir uns zunächst von einigen modernen Erwartungen an Karten verabschieden. Vor allem entgeht uns viel von dem, was solche Karten uns zu sagen haben, wenn wir sie allein daran messen, ob sie den geographischen Raum exakt abbilden. Mathematische Genauigkeit ist nur eine Facette der islamischen Kartographie, und zwar nicht immer die spannendste und häufig auch nicht die erste Sorge der Kartenzeichner selbst. Früher hat die moderne Präzisionswut in Mathematikfragen den Sinngehalt islamischer Karten grob verzerrt. Manche haben die Bilder, von denen in diesem Buch die Rede ist, als bloße Gemälde abgetan, nicht als „Karten“ im eigentlichen Sinn, und haben damit indirekt die Kartenzeichner, die sie schufen, kleingeredet. Andere wieder haben den mathematischen Genauigkeitsgrad derselben Karten romantisch überhöht, sie aus ihrem historischen Kontext gerissen und in einen zwecklosen Wettbewerb mit dem Westen gestellt, in dem der Islam immer den ersten Platz erreichen soll.

Dieses Buch dagegen betrachtet islamische Karten als „eine Reihe geistreicher Argumente“.[2] Seit dem 9. Jahrhundert haben Muslime sich und andere in Kartenform gebracht, um damit die Welt zu verstehen – ihre physische Gestalt, ihre Staatsgrenzen und ihre religiösen, lokalen und regionalen Identitäten. Nicht nur spiegelten ihre Karten die Welt, in der sie lebten, sondern sie formten auch die Sichtweise der Zeichner und anderer auf diese Welt. Letztendlich handelt es sich um Interpretationsvorgänge. Karten interpretieren bestehende Räume und schaffen neue, sie wählen aus, was hervorgehoben und was weggelassen wird. Unsere Definition, was als Karte zu gelten hat, ist deshalb weit gefasst und beschränkt sich nicht auf Varianten der mathematischen Geographie. Gemäß dem berühmten Ansatz von Harley und Woodward zählt zu den hier besprochenen Karten jede „bildliche Wiedergabe, die ein räumliches Verständnis der Dinge erleichtert".[3] Der Begriff, den die vormodernen Muslime für „Karte" benutzten, lautet *ṣūrah*, was einfach „Bild" heißt, oft verbunden mit dem Wort *arḍ*, „Erde" – für sie war eine Karte ein Abbild der Welt, ganz wie im lateinischen Ausdruck *imago mundi*. Wie die Künstler waren auch die Kartenzeichner Hersteller von Bildwerken, und ihre Bilder boten wie Kunstwerke eine vielschichtige Sicht auf die Welt, in der sie lebten.

Ich verwende hier also eine großzügige Definition des Kartenbegriffs, und ähnlich weit gefasst ist mein Verständnis von „Islam", das sich nicht auf religiöse Ansichten und Rituale beschränkt. Die Karten, um die es hier geht, stammen alle von Männern, die sich als Muslime verstanden. Die Beschriftungen aller Karten nutzten die arabische Schrift: Mittelalterliche Karten waren in Arabisch abgefasst, frühmoderne dagegen schrieben das Türkische und Persische in arabischen Schriftzeichen. Die Kartenzeichner konstruierten ihre Welten unter Bezug auf jene Gelehrtentraditionen und Wissensbestände, die in der Kulturwelt des Islam zirkulierten, und das schloss Karten ein, die frühere Generationen muslimischer Kartenzeichner angefertigt hatten. Das Zielpublikum waren fast immer Muslime, obwohl der berühmteste islamische Kartograph überhaupt, al-Idrīsī, seine Karten für den christlichen normannischen Königshof auf Sizilien schuf.

Alles in allem waren islamische Karten keine religiösen Objekte. Sie waren Schlüssel zur Welt, nicht zum Seelenheil. Selbst in jenen Karten, die die Gebetsrichtung nach Mekka angeben – und Thema des letzten Kapitels in diesem Buch sind –, erscheinen üblicherweise keine Glaubensaussagen. Im kulturellen Hintergrund haben traditionalistische Einwände gegen das Schaffen jeder Art Bild (das mit den streng verstandenen islamischen Normen unvereinbar sei) die Kartenproduktion vielleicht erschwert. Wenn überhaupt, dann finden sich Karten nur selten in eindeutig religiösen Texten wie Korankommentaren oder Rechtstexten. Außer Hilfsmitteln der Frühen Neuzeit zur Ermittlung der Lage Mekkas sowie Darstellungen der Kaaba zeigte man in Moscheen und anderen religiösen Einrichtungen keine Karten. Darin bestand ein Unterschied zur Praxis im spätmittelalterlichen Europa, wo Weltkarten an den Wänden von Kirchen und Klöstern hingen. Daher sind fast alle erhaltenen islamischen Karten als Teil von Handschriften überliefert, nicht als Einzelstücke.

Dieses Buch untersucht bildliche islamische Weltdeutungen zwischen dem 9. und dem 17. Jahrhundert in ihrem historischen Kontext und in ihrer eigenen Begrifflichkeit. Der Schwerpunkt liegt dabei auf den Kartenzeichnern selbst. Was war der Zweck ihrer Karten? Welche Entscheidungen trafen sie? Welches Argument wollten sie vermitteln? Die vorgestellten Kartenmacher spiegeln die Vielfalt der islamischen Welt. Die meisten sind Sunniten, einige aber eindeutig Schiiten; manche arbeiteten für Kalifen, Sultane und Schahs, während andere ihre Karten für den Markt der Händler, Gelehrten und Seefahrer produzierten. Sie kommen aus Isfahan im Osten und aus Palermo im Westen, aus Istanbul im Norden wie aus Kairo und Aden im Süden. Viele ihrer Karten sind uns nur als handgefertigte Kopien der Originale erhalten. Damit sind die Objekte, wie wir sie heute sehen, das Produkt der Kopisten und Illuminatoren späterer Generationen, die dazu neigten, das Originalbild ihren eigenen Zwecken anzupassen. Karten sind ihrem ganzen Wesen nach Gemeinschaftsleistungen. Keine einzige dieser Karten steht für den Islam als Ganzes, keine kann die gesamte Tradition einfangen. Obendrein sind sie alle von kartographischen Einflüssen jenseits der Welt des Islam angeregt, ob nun von griechischen, persischen oder europäischen. Soweit der historische Blick zurückreicht, gibt es keine rein islamische Karte, sondern nur Hybridkarten, die die großartige Fähigkeit der islamischen Kultur zu Syntheseleistungen verraten.

Einer der frühesten geographischen Texte der islamischen Welt, die *Wege und Königreiche* des Ibn Khurradādhbih aus dem 9. Jahrhundert, enthält eine Anekdote über eine Karte, die magische Kräfte besaß. Nach einem Bericht, der dem Herrscher der Stadt Falludscha im Irak zugeschrieben wird, verfügte der dortige Stadtherr über ein dreidimensionales Modell, das seine gesamten Besitzungen und ihr Bewässerungssystem zeigte. Wenn seine Bauern ihre Steuern nicht zahlten, blockierte er die Kanäle dieser Bauern im Modell, worauf die echten Kanäle versiegten; umgekehrt konnte er die Dämme des Modells öffnen, und das entsprechende Gebiet der wirklichen Welt wurde überflutet. So verlieh die Karte ihm Zauberkräfte über den Raum, den sie darstellte.[4] Spätere islamische Texte lassen diese Geschichte weg, wohl weil sie einen so starken heidnischen Beigeschmack hatte. Doch der Zauber der Karten ist nie verflogen. Die von muslimischen Kartographen gezeichneten Karten haben ihre Welt nicht nur gespiegelt, sondern auch mitgestaltet, ebenso wie ihr Erbe in der Gegenwart.

مكه
المدينه
ارض الزنج
حمص
حلب
حران
انطاكيه

Kapitel 1

Die Nilkarte eines Mathematikers

او رسنة على البحر	سح ل	ز كه
طاس على بطحه	سط ه	نز ل
سووس على بطيحه	ع ك	نو مد
فسس	عا له	نو مه

ناماسو من الجبل	فلا ه	نح ل
ناساموس جبل	فما ل	نا ك
مدينه ماجوج الداخله	وعد ل	سح ه
طوس على بطيحه	سطي	نه ه

الجبال التى خلف خط الاستوا

العدد	الاسما	الحد الاول		الحد الاخر		الوانها	جهات اوديتها
		الطول	العرض	الطول	العرض		
ا	جبل اورجلس	ح ل	ه ن	لح ل	د ه	اصفر	جنوب
ب	جبل بانقلوس	يح مه	ى له	لح م	و ل	لازورد	شمال
ج	جبل حسفاوس	يح يه	ى كه	كح مه	ز ك	احمر	شمال
د	جبل انبيسقى	كه م	مد ك	له ه	يا ى	لازورد	جنوب
ه	جبل لهم بعضه في الاقليم الاول وبعضه خلف خط الاستوا	لب ى	ط كه	لد ل	ب مه	احمر	مغربي
و	جبل باوديطون	لو ه	و ه	مد ه	و ه	اصفر	جنوب
ز	جبل القمر ومنه مخرج نيل مصر	مو ل	ما ل	سا ن	يا ل	احمر	جنوب
ح	جبل اوله خلف الاستوا واخره في الاقليم الاول	مو ف	ط ل	ا ي	كح مه	حديدي	مغربي
ط	جبل الفيليبا	يح ه	ه ه	ي ل	د كه	حديدي	جنوب
ي	جبل علسيس اوله خلف الاستوا واخره في الاقليم الاول	مو ل	ف ه	يعي ل	ا ك	اصفر	مغربي

Die Koordinatentabelle aus al-Khwārizmīs *Buch über das Bild der Erde (Kitāb Ṣūrat al-Arḍ)* in einer Handschrift von 1037. Bibliothèque nationale et universitaire de Strasbourg, MS. 4247, fol. 10b.

Jede Karte ist ein einmaliges Gemisch aus Wissenschaft und Kunst, Ideologie und Macht. Es ist bezeichnend, dass die älteste islamische Karte, die uns überliefert ist, von einem Mathematiker stammt – und zwar von einem der größten Mathematiker aller Zeiten. Muhammad ibn Musā al-Khwārizmī, der in der ersten Hälfte des 9. Jahrhunderts in Bagdad lebte, ist heute weltbekannt wegen seines Buches *al-Dschabr wal-Muqābala* (*Über das Lösen einer Gleichung durch Addieren und Subtrahieren*). In diesem Werk erklärte al-Khwārizmī zum ersten Mal, wie man mit geometrischen Mitteln quadratische Gleichungen löst. Der Titel des Buches gab jenem Wissensgebiet den Namen, das wir heute als Algebra kennen. Vom Titel der lateinischen Übersetzung – *Liber Alghoarismi*, „das Buch des al-Khwārizmī" – kommt der Begriff Algorithmus.

Al-Khwārizmīs Interesse an der Mathematik wurde durch die Bedürfnisse der Verwaltung des weitverzweigten Abbasidenreiches geweckt, das sich von Nordafrika bis ins Tal des Indus erstreckte. Die Algebra brauchte man, um Steuerschätzungen und die Aufteilung von Erbschaften, Anteile an Wasserrechten und Ingenieurbauten zu berechnen. Praktische Motive waren es auch, die al-Khwārizmīs Interesse an Astronomie und Kalenderformen weckten. Seine astronomischen Tafeln, die die Positionen Hunderter verschiedener Sterne aufführten, waren ein wichtiger Beitrag auf dem Weg zu einer systematischen Zeitmessung. Außerdem hat er uns eine hochgelehrte Studie zum jüdischen Kalender hinterlassen, die einem ähnlichen Zweck diente. Al-Khwārizmī glaubte, dass mathematische Mittel die Zeit kontrollieren konnten und die Macht hätten, den geographischen Raum abzubilden.

Die Karten, die al-Khwārizmī zeichnete, sind enthalten in seinem *Buch über das Bild der Erde* (*Kitāb Ṣūrat al-Arḍ*).[1] Dabei handelt es sich zwar um ein geographisches Werk, aber diese Geographie hat kein Interesse am erzählenden Beschreiben menschlicher Gesellschaften. Vielmehr handelt es sich um die Weltbeschreibung eines Mathematikers. Zum Großteil besteht es aus Tabellen, die über 4000 Ortsnamen und deren Lage in Form von Längen- und Breitengraden auflisten. Geordnet sind diese Orte nach Kategorien, etwa Städte, Gebirge, Meere, Flüsse und Inseln. Für jede Stadt wird erst die Länge in Grad und Minuten angegeben, gefolgt von der Breite in Grad und Minuten. Berge, Meere und Flüsse, die sich ja über größere Flächen ausdehnen, brauchten mehr Tabellenspalten. Wie die Folioseite (siehe Abb. auf nebenstehender Seite) zeigt, folgen auf den Namen jedes Gebirges die Spalten für zwei Koordinatensätze, einer für den Anfang jedes Gebirges und einer für sein Ende. Eine weitere Spalte gibt die Farbe des Berges an, eine letzte schließlich die Ausrichtung des Berggipfels.

Dieser mathematische Ansatz zur Beschreibung der Welt war das Erbe des großen griechischen Astronomen und Geographen Ptolemäus, der im 2. Jahrhundert n. Chr. in Alexandria gewirkt hatte. Al-Khwārizmī erklärt ausdrücklich, wieviel er ihm verdankt. Gleich auf

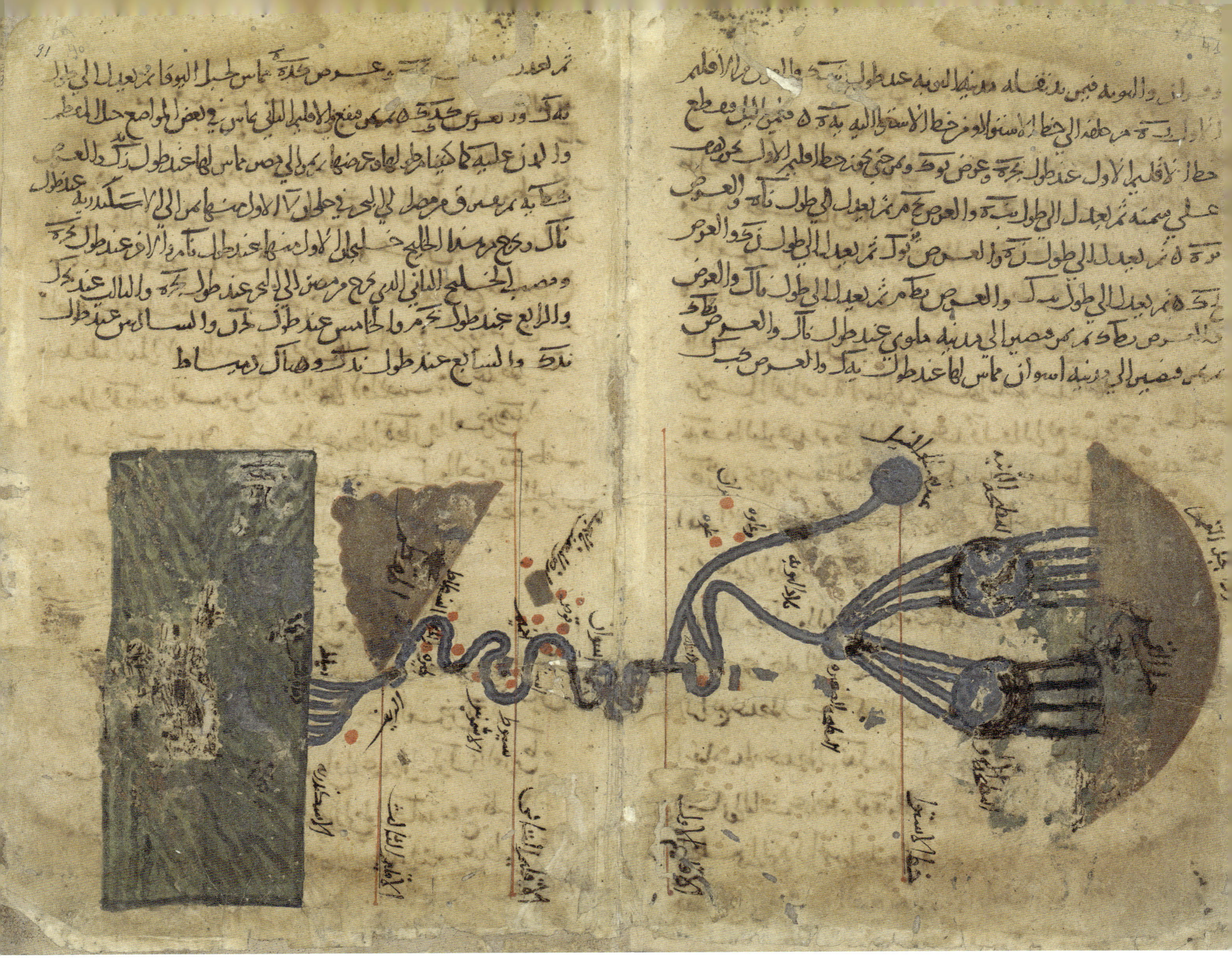

der ersten Seite schreibt er, seine Koordinatentabellen seien „Auszüge“ aus der berühmten *Geographie* des Ptolemäus. Ein Durchgang durch den Text macht klar, dass die meisten Ortsnamen arabische Transkriptionen griechischer Namen darstellen, die oft durch die Zwischenstufe einer syrischen Übersetzung gleich doppelt verzerrt sind. Doch al-Khwārizmī verdankte Ptolemäus viel mehr als nur die Ortsnamen. Es waren die Griechen gewesen, die die Kugelform der Erde und ihren ungefähren Durchmesser festgestellt hatten. Zudem hatten sie eine Methode entwickelt, die nördliche Erdhalbkugel in sieben „Klimata“ genannte horizontale Streifen einzuteilen. Das erste und südlichste Klima lag dicht am Äquator und seine Mitte

Karte des Nils aus al-Khwārizmīs *Buch über das Bild der Erde* in einer Handschrift von 1037. Bibliothèque nationale et universitaire de Strasbourg, MS. 4247, foll. 30b–31a.

verlief durch die Stadt Meroë in Nubien, wo die Stundenzahl am längsten Tag 13 betrug. In der Mitte des siebten, nördlichsten Klimas lag der Fluss Dnjepr, wo der längste Tag des Jahres 16 Stunden dauerte. Diese Einteilung der Nordhemisphäre in sieben Klimata übernahm al-Khwārizmī in seine eigene Geographie.

Das *Buch über das Bild der Erde* hat in einem einzigen Manuskript überlebt, das 1037 entstand, zwei Jahrhunderte nach al-Khwārizmīs Tod. In dieser Abschrift sind vier Karten enthalten, unter denen die berühmteste und eleganteste al-Khwārizmīs Nilkarte ist (siehe Abb. auf S. 14). Da Arabisch von rechts nach links geschrieben wird, sollte man mit dem Lesen der Karte auf der rechten Seite beginnen, die von einem braunen, wie ein Fallschirm geformten Gebirge beherrscht wird, das mit dem Namen „Mondberge" beschriftet ist. Es ist die Quelle des Nils, die al-Khwārizmī südlich des Äquators lokalisiert. Von den Mondbergen strömen neun Quellflüsse – fünf im Osten, vier im Westen – nach Norden, zwei großen Sumpfgebieten entgegen. Eine weitere Gruppe aus Zuflüssen strömt aus diesen beiden größeren Sümpfen bis in einen kleineren, der seinerseits den Hauptarm des Nils speist. Östlich davon vermerkt die Karte einen weiteren See mit der Beschriftung „See, der den Nil speist". Er ist die Quelle für einen östlichen Arm des Nils. Wo dieser östliche Fluss nördlich von Aswan in den Nil mündet, bildet sich am Zusammenfluss mit dem Hauptarm eine Insel. Anschließend fließt der Nil in weiten Schleifen nordwärts auf das grüne Rechteck des Mittelmeers zu, vorbei an den Städten Aswan (Assuan), Asyut und Giza. Der kompakte dreieckige Berg ist der Muqattam. Er erhebt sich über Fustat – an der Stelle des heutigen Kairo – ebenso, wie er heute noch das Bild der ägyptischen Hauptstadt beherrscht. Der Strom endet als stilisiertes Delta mit sechs Armen, das von den beiden Städten Damiette und Alexandria flankiert wird.

Bei den geraden roten Linien, die das Diagramm durchziehen, handelt es sich um Hinweise auf die Klimata, beruhend auf dem griechischen System, die bewohnten Bereiche der Nordhalbkugel einzuteilen. Die Linie, die den Mondbergen rechts am nächsten kommt, ist der Äquator. Die zweite, die knapp südlich der großen Insel verläuft, welche bei der Vereinigung der Nilzuflüsse entsteht, steht für die Nordgrenze des Ersten Klimas. Die nördliche Grenzlinie des Zweiten Klimas verläuft durch Asyut und die des Dritten durch den Muqattam-Berg. Man merkt gleich, dass sich die Abstände zwischen den Klimagrenzen verringern, während wir uns nach Norden bewegen. Das ist nicht etwa ein Fehler, sondern spiegelt ein scharfsinniges mathematisches Weltverständnis. Definiert waren die Klimagrenzen durch die in Stunden gemessene Länge des längsten Tages im Jahr, und diese Längenänderung des längsten Tages verringert sich, je näher wir dem Äquator, und verstärkt sich, je näher wir dem Nordpol kommen. Das bedeutet, dass die Entfernung zwischen Äquator und Ende des Ersten Klimas rund 16 Breitengrade beträgt, die zwischen dem Anfang des Ersten und

CAVRVS·CHORVS·VEL·IAPIX·SIVE·ARGESTES
CIRCTVS·VEL·TRESIIAS
FAVONIVS·ZEPHIRVS
mare glaciale
EVROPA
DATIA
LIBIA INTERIOR
AFFRICA
Circulus equinoctialis
ETHIOPIA·INTERIOR
Terra incognita scdm ptholomeum
AFRICVS·VEL·LIBS
LIBONOTVS·EVROAVSTER

AQUILO VEL BOREAS
CECIAS APELIOTES
SUBSOLANUS
ASIA
ARIA
MARE INDICUM
MARE INDICUM
PRASODUM
MARE
WLTURNUS EURUS
EURNOTUS

dem des Zweiten Klima aber nur etwa acht. Es ist bemerkenswert, dass al-Khwārizmīs Karte nicht allein die Einteilung der Welt in Klimata festhält, sondern auch die Fähigkeit, die Klimagrenzen in Breitengrade umzurechnen. Diese Karte ist vollständig von mathematischen Vorstellungen durchdrungen.

Seine Vorstellung, wie der Nil entsteht, entnahm al-Khwārizmī den Schriften des Ptolemäus, die im Lauf des vorausgegangenen Jahrhunderts zum Großteil ins Arabische übersetzt worden waren. Von Ptolemäus' eigenen Karten hat keine überlebt, aber eine auf seinen Schriften beruhende Karte entstand im 15. Jahrhundert im Zuge des wieder auflebenden Interesses an der klassisch-antiken Überlieferung in Europa (siehe Abb. auf S. 16/17). Die Ähnlichkeit des Nils auf al-Khwārizmīs Karten mit dem Nil auf der nach Ptolemäus gezeichneten ist frappierend. Die Mondberge und die beiden Sümpfe lassen sich leicht als die bei Ptolemäus beschriebenen Landschaftsmerkmale identifizieren. Der östliche See, der am Äquator liegt, ist zweifellos jener See, den Ptolemäus Koloë (Κολόη) nennt, die Quelle eines östlichen Nebenflusses des Nils. Auch hier erzeugt der Zusammenfluss dieses Wasserlaufs mit dem Hauptarm dieselbe große Insel. Ptolemäus nennt sie Meroë, und wie al-Khwārizmī setzt er sie in die Mitte des Ersten Klimas.[2]

Doch al-Khwārizmī hat keineswegs alles sklavisch abgeschrieben. Zu den Zwillingssümpfen, die Ptolemäus für die Nilquellen hielt, fügt er einen dritten, kleineren See hinzu, der auf seiner Karte praktisch zur Quelle für den Hauptarm des Nils wird. Außerdem aktualisiert er die Städtenamen entlang des Nils vollständig. Beispielsweise lokalisiert er die Handelsstadt Qūṣ korrekt im Norden von Aswan. In islamischer Zeit war Qūṣ zur bedeutenden Drehscheibe auf einer Handelsroute durch die Wüste geworden, die den Nil mit dem Roten Meer verband. Ebenso fügt al-Khwārizmī das Muqattam-Plateau und die Stadt Fustat ein, die die arabischen Eroberer im 7. Jahrhundert als Militärgarnison gebaut hatten. Zur Zeit al-Khwārizmīs war Fustat die Hauptstadt Ägyptens und blieb es bis zur Gründung von Kairo im Jahr 969.

Was al-Khwārizmī dagegen weder hier noch woanders in seinen Schriften unternimmt, ist der Entwurf einer maßstäblichen Karte. Es gibt zwar die Klimalinien, die die ungefähre Breite anzeigen. Doch gibt es keinen Maßstab, keine Spur einer Gradangabe. Der Text außerhalb und neben der Karte liefert Zahlenwerte für die Länge und Breite der meisten auf der Karte verzeichneten Orte – zwar erscheinen die Zahlen in einem System, das auf dem arabischen Alphabet basiert, aber Zahlen sind sie trotzdem. Die Karte unter ihnen erläutert die mathematischen Daten nur, statt sie systematisch in ein Gitternetz zu übertragen. Heutzutage würden wir von al-Khwārizmī erwarten, dass er die Zahlenwerte verwendete, um den Verlauf des Nils und die Städte an seinen Ufern einzutragen. Das erst, so wären wir anzuneh-

Vorhergehende Doppelseite: Weltkarte aus einer Übersetzung der *Geographie* des Ptolemäus von 1486. Bodleian Library, University of Oxford, Arch B b.19, foll. 131v – 132r.

men geneigt, würde dieses Diagramm des Nils in eine ‚genaue' Karte überführen, die auf jenen mathematischen Werkzeugen beruht, die al-Khwārizmī in seinen Koordinatentabellen, die den Rest des Buches ausmachen, anscheinend so sehr schätzt. Aber eine solche Karte hat uns al-Khwārizmī nicht hinterlassen. So sehr das viele heutige Betrachter auch enttäuscht hat, sollten wir dieses Fehlen doch nicht als Fehler betrachten.

Es gibt wohl kaum Zweifel, dass al-Khwārizmī, der Ahnherr der Algebra, über das mathematische Können verfügte, eine maßstäbliche Karte zu zeichnen. Ein Jahrhundert nach ihm gab ein anderer Gelehrter namens Suhrāb illustrierte Anweisungen, wie man auf einem rechtwinkligen Gitternetz eine Weltkarte zeichnen kann. Von Suhrāb wissen wir nur durch eine von ihm verfasste Abhandlung mit dem Titel *Das Buch der Wunder der sieben Klimata* (*Kitāb ʿAdschāʾib al-Aqālīm al-Sabʿah*). Wie schon al-Khwārizmīs *Buch über das Bild der Erde* besteht auch diese Schrift zum Großteil aus Tabellen mit Koordinaten – Längen- und Breitengraden – für Städte, Berge, Flüsse und Inseln. Die Daten ähneln den von al-Khwārizmī gebotenen sehr stark, und wie in dessen Werk sind die Tabellen nach den sieben Klimata geordnet.

Besonders wichtig ist, dass Suhrāb die Koordinaten ausdrücklich mit der Konstruktion einer rechteckigen Karte der bewohnten Teile der Nordhalbkugel verknüpft. Er erklärt, eine Weltkarte müsse man auf ein großes Rechteck zeichnen, an dessen Rändern die Längen- und Breitengrade angegeben sind. Auf der Nord- und der Südseite solle es 180° Länge anzeigen. Auf der West- und der Ostseite solle die Skala von 20° Süd bis 90° Nord reichen. Dann seien entsprechend dem Breitengrad die Klimalinien einzuzeichnen. Nachdem der Rahmen der Weltkarte festliegt, trägt man die einzelnen Städte, Berge und Flüsse mithilfe zweier Fäden ein, an deren Ende Gewichte gebunden sind. Die Position dieser Ortsnamen in Längen- und Breitengraden entnimmt man den Koordinaten im Hauptteil von Suhrābs Abhandlung. Ein Diagramm, das dieser Erklärung beigegeben ist (siehe Abb. auf S. 20) zeigt, wie die Ränder des Rechtecks in jeweils zehn Längen- und Breitengrade unterteilt werden und wie man die Klimalinien und den Äquator angeben soll.

Suhrāb schildert uns, wie man mittels einer einfachen rechtwinkligen Projektion eine mathematisch genau gezeichnete Karte der Welt zeichnen kann. Diese einfachste Form, wie sich die sphärische Erdoberfläche auf ein Rechteck projizieren lässt, ist ziemlich problematisch, denn sie führt zu erheblichen Verzerrungen, wenn man sich vom Äquator weg in die nördlichen Regionen Europas und Asiens bewegt, ebenso am Ost- und am Westrand der Karte. Schon Ptolemäus kannte diese schlichte Projektionsweise und kritisierte sie heftig. Auch der große muslimische Gelehrte al-Bīrūni, der im 11. Jahrhundert lebte, verwarf sie als zu grob. Übrigens widmete al-Bīrūni den Projektionen eine ganze Abhandlung, in der er viel raffiniertere Alternativen vorschlägt, die die Wölbung der Erdkugel mit einberechnen. Doch

Suhrābs Diagramm zur Konstruktion einer Weltkarte, enthalten in seinem *Buch über die Wunder der sieben Klimata* (*Kitāb ʿAdschāʾib al-Aqālīm al-sabʿa*). Abschrift von 1309. © The British Library Board, Add. MS. 23379, fol. 4b.

so viele Anweisungen sie uns in Fragen der Projektion auch geben: Weder Suhrāb noch al-Bīrūni haben uns eine mathematisch genau gezeichnete Karte hinterlassen.

Einige moderne Forscher behaupten, zu al-Khwārizmīs *Buch über das Bild der Erde* müsse eine heute verlorene Weltkarte gehört haben. Häufig behaupten sie sogar, diese beigefügte Weltkarte sei auf Befehl des abbasidischen Kalifen al-Maʾmūn entstanden, eines Förderers der griechischen Wissenschaften und des rationalen Denkens in der ersten Hälfte des 9. Jahrhunderts. Al-Maʾmūn war an Geographie hochinteressiert und ist dafür bekannt, dass er eine Gruppe von Astronomen und Landvermessern damit beauftragte, die Länge eines Breitengrades des Erdumfangs zu messen. Das taten sie, indem sie die Sonnenhöhe zu Mittag an zwei bekannten Orten in der Ebene bei Sindschar im heutigen Irak bestimmten. Das Messergebnis, 56⅔ Meilen pro einzelnem Breitengrad, führte zu der bemerkenswert genauen Summe von 20 400 Meilen für den gesamten Erdumfang.

Außerdem gab al-Maʾmūn eine Weltkarte in Auftrag, die uns der Universalgelehrte al-Masʿūdī aus dem 10. Jahrhundert beschreibt. Er berichtet, dass er drei verschiedene Weltkarten gesehen habe, die allesamt die sieben Klimata der bewohnten Gebiete der Nordhalbkugel zeigten. Zwei dieser Karten hätten griechische Gelehrte in vorislamischer Zeit angefertigt, die dritte sei die für al-Maʾmūn gefertigte Weltkarte gewesen. Letztere, so al-Masʿūdī, war viel besser als die spätantiken Karten:

> Ich habe diese Klimata ohne Beschriftungen und in verschiedenen Farben abgebildet gesehen. Das beste, was ich gesehen habe, steht in der *Geographie* des Marinos und im Kommentar zur *Geographie* über die Aufteilungen der Erde und in der Karte al-Maʾmūns. Das ist die Karte, die für al-Maʾmūn gemacht wurde, die von einer Anzahl zeitgenössischer Gelehrter konstruiert wurde und in der die Welt mit ihren Sphären, Sternen, Ländern und Meeren dargestellt ist, mit bewohnten und unbewohnten Regionen, Ansiedlungen, Städten und so weiter. Diese [Karte al-Maʾmūns] war besser als jede vor ihr, sei es die *Geographie* des Ptolemäus, die *Geographie* des Marinos oder irgendeine andere.[3]

Al-Masʿūdī sah mindestens drei Weltkarten, die Klimagrenzen angaben, zwei aus Handschriften der Werke des Ptolemäus und des Marinos (eines anderen griechischen Gelehrten, der im 1. Jahrhundert n. Chr. in Tyros tätig war) sowie eine dritte, für den Kalifen al-Maʾmūn erstellte. Diese, so kommentierte er, schneide im Vergleich zu den älteren gut ab, denn sie enthalte eine Fülle von Details zu Sternen und Sphären, Ländern und Meeren. Al-Maʾmūns Karte muss einen eindrucksvollen Anblick geboten haben und war vielleicht sogar dazu bestimmt, öffentlich gezeigt zu werden; ihr Verlust bedeutet, dass wir einen Schlüsselmoment in der Geschichte der islamischen Karten verpasst haben. Doch nichts in diesem Bericht beweist, dass die Karte für al-Maʾmūn mit mathematischen Mitteln erstellt worden ist, und auch von al-Khwārizmī ist nicht die Rede. Wir können somit nur sagen, dass diese Karte ebenso wie al-Khwārizmīs Nilkarte die Grenzen der Klimata angab und dass sie auf astronomischen Messungen beruhte. Die Behauptungen, al-Khwārizmīs Tabellen und Karten hätten die Blaupausen für al-Maʾmūns Karte geliefert, tun nichts zur Sache. Wahr ist, dass al-Khwārizmī eine maßstäbliche Weltkarte hätte vorlegen können, aber das bedeutet noch nicht, dass er es tatsächlich auch getan hat.

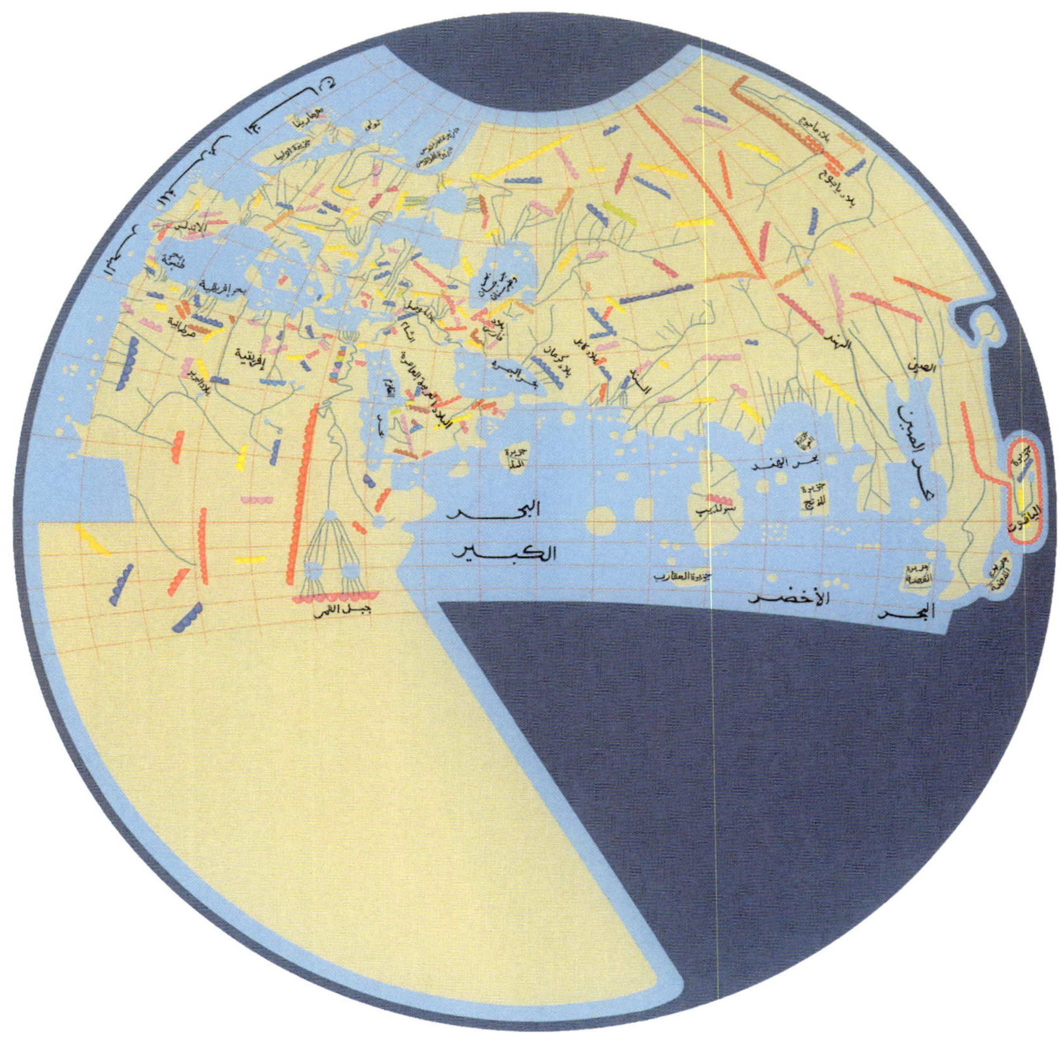

Die Grammatik der islamischen Kartographie

Was also wollte al-Khwārizmī dann mit seiner Nilkarte erreichen? Die Abbildung bezieht sich eindeutig auf die Breiten- und Längenangaben im Text. In den letzten Jahrzehnten hat man mehrfach versucht, auf der Grundlage von al-Khwārizmīs Koordinaten im *Buch über das Bild der Erde* eine Weltkarte zu erstellen. Den detailreichsten Ansatz dazu stellt die Karte von Fuat Sezgin dar, für die er moderne Projektionstechniken verwendet hat (siehe Abb. auf S. 22).[4] Dabei muss man beachten, dass es sich um eine Rekonstruktion handelt, die mittels moderner Techniken auf moderne Ansprüche ausgerichtet ist, und dass eine von al-Khwārizmī geschaffene Karte so nicht ausgesehen hätte. Dennoch ist die Ähnlichkeit zwischen der tatsächlichen Nilkarte al-Khwārizmīs und der von Sezgin aus den Koordinaten in al-Khwārizmīs Tabellen rekonstruierten Karte verblüffend, besonders wenn wir das jeweilige Seensystem an den Nilquellen und die Positionen der Klimagrenzen miteinander vergleichen.

Rekonstruktion einer Weltkarte auf der Grundlage der von al-Khwārizmī im *Buch über die Gestalt der Erde* angegebenen Koordinaten in einer modernen Projektion. Erstellt von Fuat Sezgin 2000. Mit freundlicher Genehmigung des Instituts für Geschichte der Arabisch-Islamischen Wissenschaften nach Fuat Sezgin, *Mathematical Geography and Cartography in Islam and their Continuation in the Occident*, 3 Bde., 2000 – 2007, Bd. III, Tafel 1b.

Die Unterschiede zwischen der mittelalterlichen Nilkarte und der modernen Rekonstruktion sind allerdings bezeichnend. Al-Khwārizmī (oder der Schreiber des 11. Jahrhunderts, der das Werk kopierte) entscheidet sich für gute Lesbarkeit zulasten der Genauigkeit und für die künstlerische Wirkung auf Kosten der mathematischen Präzision. Eine wichtige Entscheidung bestand darin, die Gebiete am Oberlauf des Nils im Vergleich zu den dichter besiedelten Regionen im Norden komprimiert darzustellen. Dadurch kann der Zeichner in den Grenzen des beschränkten Raums auf der Seite viel mehr Beschriftungen einfügen, die das dichte Netz der ägyptischen Städte wiedergeben. Die dünn bevölkerten und relativ unbekannten Landschaften Nubiens und des Äquatorialbereichs am Nil bleiben überwiegend weiße Flecken. Da es nicht viele Beschriftungen braucht, ist die Größe dieser entlegenen Regionen entsprechend reduziert. Die *terra incognita* wird, was typisch für mittelalterliche Karten ist, kleiner dargestellt als die wohlbekannten Länder. Obendrein werden die Gebiete Ägyptens jetzt durch den übergroßen Muqattam-Berg, der den muslimischen Eliten an der Spitze der ägyptischen Hauptstadt Fustat so vertraut war, hervorgehoben. Al-Khwārizmīs Karte des Nils beruht zwar auf den mathematischen Methoden der Längen- und Breitenbestimmung, unterlässt es aber bewusst, sie anzuwenden, und gibt dem Eindruck, den die Karte auf ihren Betrachter machen muss, den Vorzug vor der exakten Umsetzung der Daten.

Al-Khwārizmī zeichnete also keine maßstäblichen Karten. Stattdessen versuchte er eine Grammatik für die islamische Kartographie auf ähnliche Weise zu schaffen, wie er das Grundvokabular der Algebra geschaffen hatte. Am deutlichsten zeigt sich das in einer weiteren Karte – oder einem Diagramm – aus seinem *Buch über das Bild der Erde* (siehe Abb. auf S. 24). Der Text über dieser Abbildung erklärt, es handle sich um eine Karte des Meeres der Dunkelheit, wie al-Khwārizmī und spätere muslimische Geographen den Ozean nannten, der alle ihnen bekannte Landmassen umschloss. Doch die eigentliche Abbildung stellt gar keinen spezifischen geographischen Raum dar, und keine der Beschriftungen nennt ein einzelnes Land oder eine Stadt.

Vielmehr handelt es sich um eine Kartenskizze, in der al-Khwārizmī lediglich vorführt, auf welche Weise ein Kartograph die Küstenlinien darstellen soll. Die Beschriftungen führen hier nur aus, welche Art Bucht, Golf und Landzunge jeweils abgebildet ist. Beispielsweise steht an allen Landzungen auf diesem Bild, einige davon abgerundet, andere spitz zulaufend, das Wort *quwārah* (قوارة). Wörtlich meint dieser Begriff einen Flaschenhals, doch hier ist er in einem technischen Sinn gebraucht, als Teil einer neuen Nomenklatur der Kartographie. So, sagt uns al-Khwārizmī, sollte eine *quwārah* aussehen. Alle drei spitz auslaufenden, annähernd dreieckigen Golfe auf der Abbildung tragen die Beschriftung *shābūrah* (شابورة) und unterscheiden sich von den breiteren, gerundeten Buchten in den vier Ecken des Dia-

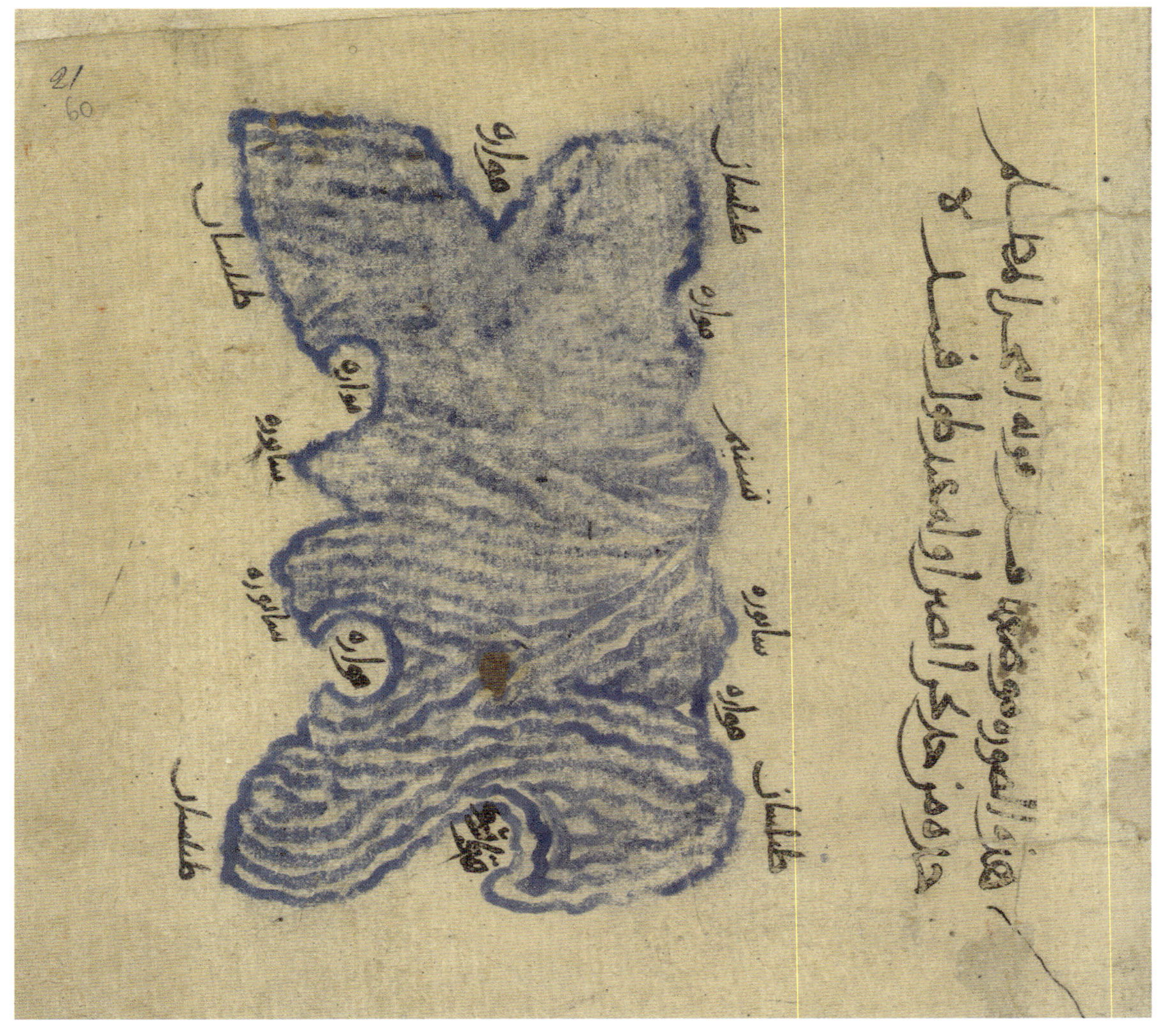

Das Meer der Dunkelheit aus al-Khwārizmīs *Buch über das Bild der Erde* in einer Handschrift von 1037. Bibliothèque nationale et universitaire de Strasbourg, MS. 4247, fol. 21a.

Rechte Seite: Detail aus der Nilkarte in al-Khwārizmīs *Buch über das Bild der Erde,* Abschrift von 1037 (vgl. Abb. auf S. 14). Bibliothèque Nationale et universitaire de Strasbourg, MS. 4247, foll. 30b–31a.

gamms, die alle mit *ṭaylasān* (طيلسان) beschriftet sind. In der arabischen Umgangssprache bezeichnet *ṭaylasān* den breiten Schal eines Glaubensgelehrten, hier aber ist das Wort ebenfalls als terminus technicus zum Gebrauch der Kartographen und Kopisten von Karten verwendet.

Indem al-Khwārizmī in dieser Weise Text und Bild verknüpfte, schuf er für Generationen muslimischer Kartographen nach ihm eine rudimentäre Symbolsprache zum Erstellen von Karten. In seinem gesamten *Buch über das Bild der Erde* sind, immer wenn er die Form der Meere beschreibt, die Begriffe *quwārah*, *shābūrah* und *ṭaylasān* verwendet. Die hier gezeigte Skizze verdeutlicht, wie diese Küstenelemente aussehen und wie man sie zeichnen muss. Diese spitzen Golfe und konkaven Landzungen sollten, wie er hoffte, die Bausteine des islamischen Kartenzeichnens werden. Man muss den Einfallsreichtum bewundern, mit dem al-Khwārizmī sich der Herausforderung stellte, Karten in einer Kultur der Handschrift kopierbar zu machen. Vor Beginn des Buchdrucks war es den Kopisten unmöglich, jedes Detail einer ihnen vorgelegten Karte zu reproduzieren. Statt dass er von den Kopisten Unmögliches verlangt, gibt ihnen al-Khwārizmī die kartographische Sprache an die Hand, mit der sie neue Karten schaffen können, welche denselben visuellen Sinn vermitteln wie die Karten, die sie zu kopieren suchen.

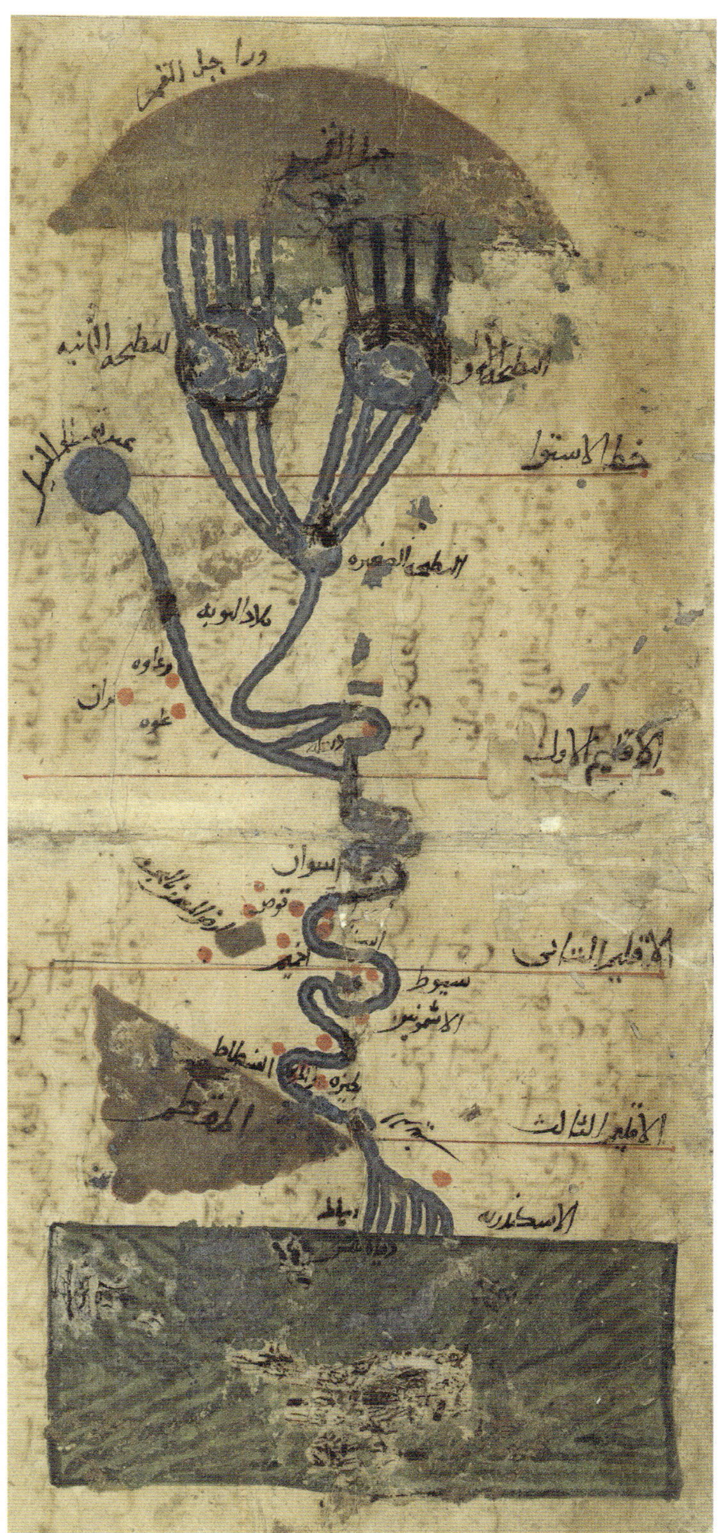

Den Einfallsreichtum al-Khwārizmīs anzuerkennen heißt nicht, dass man bestreitet, wie tief er in der Schuld früherer Kartenzeichner steht. Er verwendete vorislamische Unterlagen und Begriffe, vor allem jene, die aus griechischen Quellen stammten, die im 4., 5. und 6. Jahrhundert ins Syrische übersetzt worden waren. Diese syrischen Übersetzungen enthielten anscheinend auch Karten, und sehr wahrscheinlich hat al-Khwārizmī die Koordinatentabellen in seinem *Buch über das Bild der Erde* mit einer solchen Karte vor Augen zusammengestellt. Tatsächlich gesteht er uns mehrmals, dass er sich beim Namen eines bestimmten Ortes nicht sicher sei, weil die Schrift auf der „Karte“ (*ṣūrah*) nicht hinreichend lesbar sei.[5] Von der Karte, die er nutzte, glaubte er, Ptolemäus persönlich habe sie erstellt, obwohl er tatsächlich wohl eine spätantik modifizierte Karte nutzte. So oder so will al-Khwārizmī vermutlich das sagen, wenn er schreibt, er habe seine Tabellen aus der *Geographie* des Ptolemäus „entnommen“ – nämlich dass er eine spätantike Weltkarte einsah und die Koordinaten verschiedener Landschaftsmerkmale daraus extrapolierte. Als Mathematiker überführte al-Khwārizmī eine Weltkarte in Tabellenform, so wie ein Wissenschaftler von heute die analogen, komplizierten Gegebenheiten der Natur in Excel-Dateien aufteilt.

Eine Karte des Nils – noch einmal

Al-Khwārizmīs Werk ist nur in einer einzigen Abschrift erhalten, die zwei Jahrhunderte nach seinem Tod entstand. Das liegt zum Teil an der mäßig begeisterten Reaktion späterer muslimischer Geographen und Kartenzeichner auf seine Ideen. Wie wir im zweiten Kapitel sehen werden, wurde al-Khwārizmīs mathematischer Ansatz zur Abbildung des geographischen Raums überwiegend verworfen. Nachahmer fand al-Khwārizmī aber sehr wohl, und das beste Beispiel dafür stammt aus einem kürzlich entdeckten Werk des 11. Jahrhunderts über Kosmographie und Geographie, das als *Buch der Merkwürdigkeiten* bekannt geworden ist und sich heute in der Bodleian Library in Oxford befindet. Dieses Werk enthält eine Nilkarte, die zweifellos eine Abwandlung der Nilkarte al-Khwārizmīs ist (siehe die Abb. auf

S. 25 und 27). Obwohl der untere linke Teil durch eine Beschädigung an der Seite verlorengegangen ist, lässt sich das fehlende Stück mithilfe des Textes im seitlichen Kasten rekonstruieren, der den Lauf des Nils, wie er auf der Karte zu sehen ist, beschreibt.[6]

Die Nilkarte im *Buch der Merkwürdigkeiten* und diejenige in al-Khwārizmīs Abhandlung sind einander so ähnlich, dass man die Unterschiede erst allmählich bemerkt. Prägende Merkmale beider Karten sind die fallschirmförmigen Mondberge und das System aus drei Seen an den Nilquellen, das durch parallele Zu- und Abflüsse untereinander verbunden ist. Eine weitere offenkundige Ähnlichkeit besteht in den Klimalinien. In beiden Karten verläuft der Äquator zwischen den Zwillingsseen und dem dritten, nördlicheren See hindurch, und das Erste Klima ist deutlich breiter als das Zweite. Auf der Nilkarte im *Buch der Merkwürdigkeiten* ist die obere Hälfte eines blauen Sees (Blau steht für Süßwasser) auf der linken Seite zweifellos mit dem östlichen See in al-Khwārizmīs Karte identisch. Zum verlorenen Stück der Karte zählte ein östlicher Nebenfluss, das Gegenstück zum östlichen Nebenfluss auf al-Khwārizmīs Karte. Der seitliche Kasten erklärt: „[Zum Nil] gesellt sich ein Fluss, der aus dem Land Zandsch (Ostafrika) kommt, aus einem See, der die ‚Trinkflasche' heißt und auch als Qanbalū-See bekannt ist."

Das innovativste Element dieser zweiten Nilkarte – und zugleich jene Einzelheit, die auf die Weiterentwicklung der islamischen Kartographie den stärksten Einfluss hatte – ist die Darstellung eines westlichen Nebenflusses des Nils, der aus „weißen Sanddünen" in Westafrika entspringt. Auf der Karte sind die Dünen durch einen roten Berg angedeutet, der sich rechts, westlich des Nil, auf dem Äquator befindet. Die Beschriftung nahe dem Berg lautet: „Die weißen Sanddünen, aus denen ein Fluss in den Nil strömt". Im Kasten an der Seite lesen wir etwas von einem Nebenfluss, der aus einer Quelle entstehe, die in weißen Sanddünen an der Atlantikküste Nordafrikas entspringe. Diese Vorstellung eines westlichen Zuflusses aus Nordafrika zum Nil findet sich schon in der griechischen und römischen Literatur. So berichtet Plinius der Ältere, der Nil entstehe im Unteren Mauretanien, nicht weit vom Westlichen Ozean. Später wurde seine Darstellung in ein islamisches Gewand gekleidet: als Geschichten von arabischen Eroberern in Nordafrika, die in dessen westlichsten Regionen auf eine riesige Sanddüne gestoßen seien und erkannt hätten, dass der Nil aus diesen mächtigen Dünen nach Ägypten fließe.

Außerdem folgt die Nilkarte im *Buch der Merkwürdigkeiten* den Methoden der Mathematik in einer Weise, die über al-Khwārizmīs Karten hinausgeht. Einige Einträge enthalten, was sehr ungewöhnlich ist, Längen- und Breitenangaben. Beispielsweise heißt es da, die Flüsse, die sich aus den Mondbergen ergießen, befänden sich zwischen 46° und 59° Länge. Der Durchmesser beider Seen am Ursprung des Nils und die Abstände zwischen seinen Quellflüssen

Erhaltener Teil der Nilkarte im *Buch der Merkwürdigkeiten*, einer ägyptischen Abhandlung des 11. Jahrhunderts über Kosmographie und Geographie. Süden ist oben. Abschrift von ca. 1200. Bodleian Library, University of Oxford, MS. Arab. c. 90, fol. 42a.

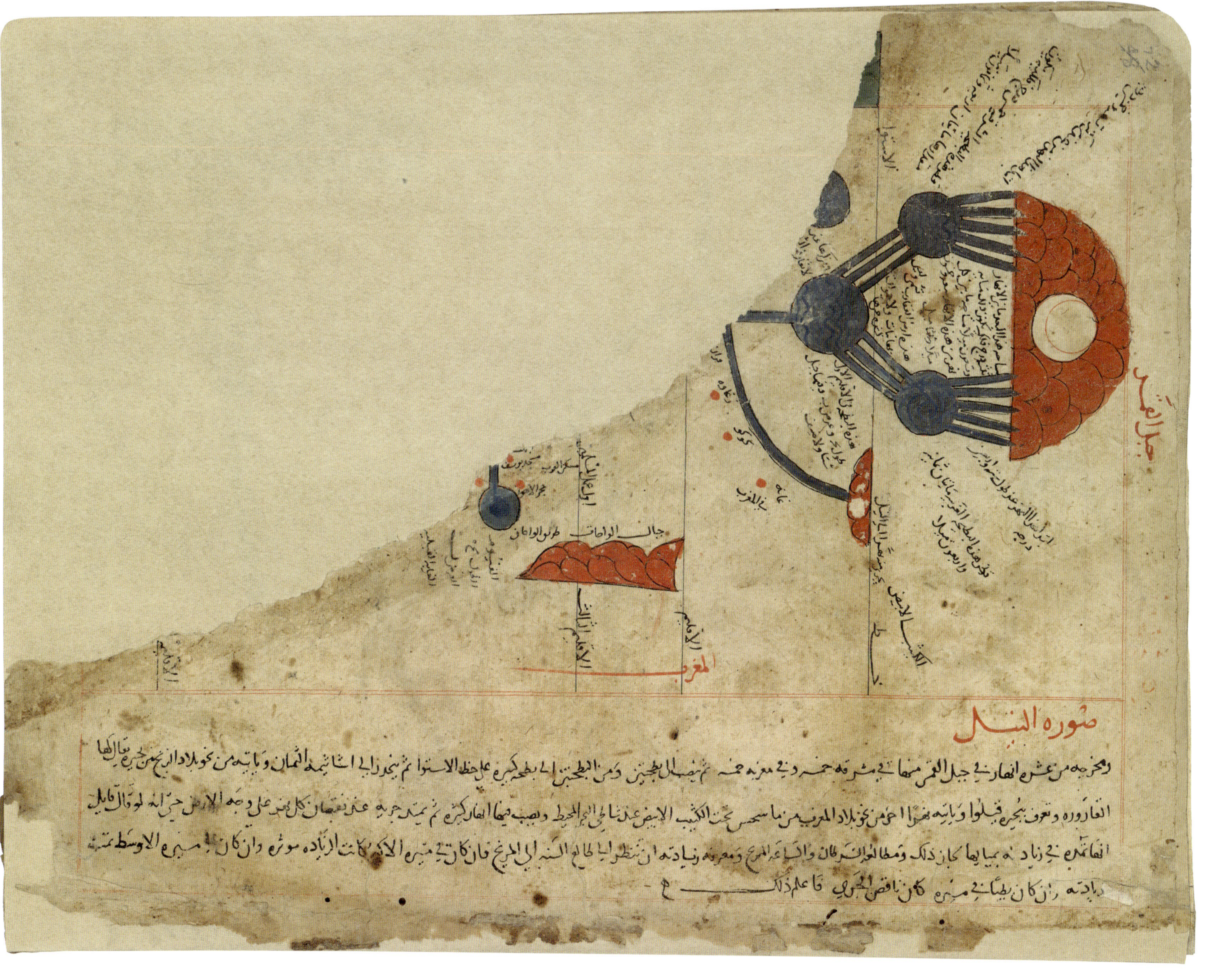

جبل القمر
الاستوا
المغرب
الاقليم الثالث
صورة النيل
ومخرجه من عشر انهار في جبل القمر منها في شرقه خمسه وفي مغربه خمسه ثم يتصل بالبحيرتين ومن البحيرتين الى بطيحة كبيرة على خط الاستوا ثم يجري الى الشانية الثمان وبايه من نحو بلاد الزنج من جريه الى
الفاروره وتعرف بجزيرة قبلوا وبايه نهر اخر من نحو بلاد المغرب من ما سمس تحت الكثيب الابيض عند ساحل البحر المحيط ويصب فيها انهار كثيرة ثم يمتد جريه عند نقصان كل نهر على وجه الارض حتى انه لو قال قايل
انها تمر في زيادة ثم بيانها كان ذلك ومطالع السرطان والبا عند المرخ ومعرفة زيادته ان تنظر الى طالع السنة الى المريخ فان كان في مبره الاكبر كانت الزيادة موثرة وان كان في مبره الاوسط
زيادته وان كان بطيئا في مبره كان ناقص الجري فاعلم ذلك

werden in der Einheit „Himmels"-Grad angegeben, die dann in Meilen umgerechnet wird. So erscheint der Durchmesser des östlichen Sumpfes als „fünf Grad, entspricht 284 Meilen" – genau der Wert, den wir erwarten würden, wenn man je ein Grad des Erdumfangs mit 56⅔ Meilen annimmt, wie es den Berechnungen der von al-Ma'mun beauftragten Gelehrten entspricht. Diese zweite Nilkarte ist zwar nicht maßstäblich, auch sie beruht aber stark auf einer mathematischen Raumvorstellung. Einzelne Merkmale verortet sie in Bezug auf ein unsichtbares Gitternetz aus Längen- und Breitengraden, und wie die Maßstäbe auf modernen Karten übersetzt sie die angenommenen Grade in tatsächliche Entfernungen.

Ebenfalls im *Buch der Merkwürdigkeiten* finden wir auch die erste erhaltene Weltkarte – und zwar sämtlicher Kulturen überhaupt, nicht allein des Islam –, in der ein Maßstab verwendet ist. Diese faszinierend rätselhafte Karte der bewohnten Welt ist so fremdartig, dass die meisten modernen Betrachter sie auf Anhieb gar nicht als Weltkarte erkennen würden. Sogar wenn man erkannt hat, dass die Südseite sich oben befindet, bleiben die relative Anordnung und Größe der Kontinente weiter fremd. Europa unten rechts ist eine ungeheuer aufgeblähte Insel, deren Fläche hauptsächlich die übergroße Iberische Halbinsel einnimmt. Asien dagegen wird auf der linken Kartenseite stark zusammengedrängt, während die Arabische Halbinsel unverhältnismäßig hervorsticht. Ein markantes gelbes Hufeisen markiert Mekka, den einzigen Ort, der nicht nur durch einen schlichten roten Punkt vertreten ist. Der Großteil Afrikas liegt jenseits der Karte.

Bei näherer Betrachtung zeigt sich die charakteristische Fallschirmform des Mondgebirges, der Quelle des Nils, als südlichster noch sichtbarer Punkt ganz oben auf der Karte. Dieses Bildelement ist direkt aus der Bildsprache al-Khwārizmīs entnommen und hat sich auf der Nilkarte im *Buch der Merkwürdigkeiten* wiederholt. Es besteht kein Zweifel, dass alle drei Karten miteinander verwandt sind. Während sich al-Khwārizmīs Karte jedoch auf den Lauf des Nils konzentriert, zoomen wir in diesem Fall weg und sehen die Welt, wie sie sich ein Kartenzeichner vorstellt, der einige Werkzeuge der mathematischen Geographie verwendet.

Das Einzigartige an der Weltkarte im *Buch der Merkwürdigkeiten*, das die Kartographiehistoriker in solche Aufregung versetzte, als diese Handschrift Anfang des 21. Jahrhunderts der akademischen Öffentlichkeit bekannt wurde, ist aber der Maßstab oben auf der Karte (siehe Abb. auf S. 31). Er ist sorgfältig gezeichnet und bildet einen festen Teil des Kartengerüsts. Untersuchungen im Infrarot- und Ultraviolettlicht haben gezeigt, dass ein Teil des Maßstabs unter der grünen Farbe des Ozeans und dem braunen Mondgebirge liegt.[7] Die Zellen auf dem rechten Blatt sind mit Buchstaben des *abjad*-Zahlensystems nummeriert. Diese Buchstaben des arabischen Alphabets stehen für Zahlenwerte, die von 5° oben rechts bis 135° laufen, der letzten sichtbaren Zahl, ehe der Maßstab mit dem Mondgebirge übermalt ist.

Vorausgehende Doppelseite: Rechteckige Weltkarte aus dem im 11. Jahrhundert entstandenen *Buch der Merkwürdigkeiten* – die älteste erhaltene Weltkarte, in der ein Maßstab verwendet ist. Süden ist oben. Abschrift von ca. 1200. Bodleian Library, University of Oxford, MS. Arab c. 90, foll. 23b–24a.

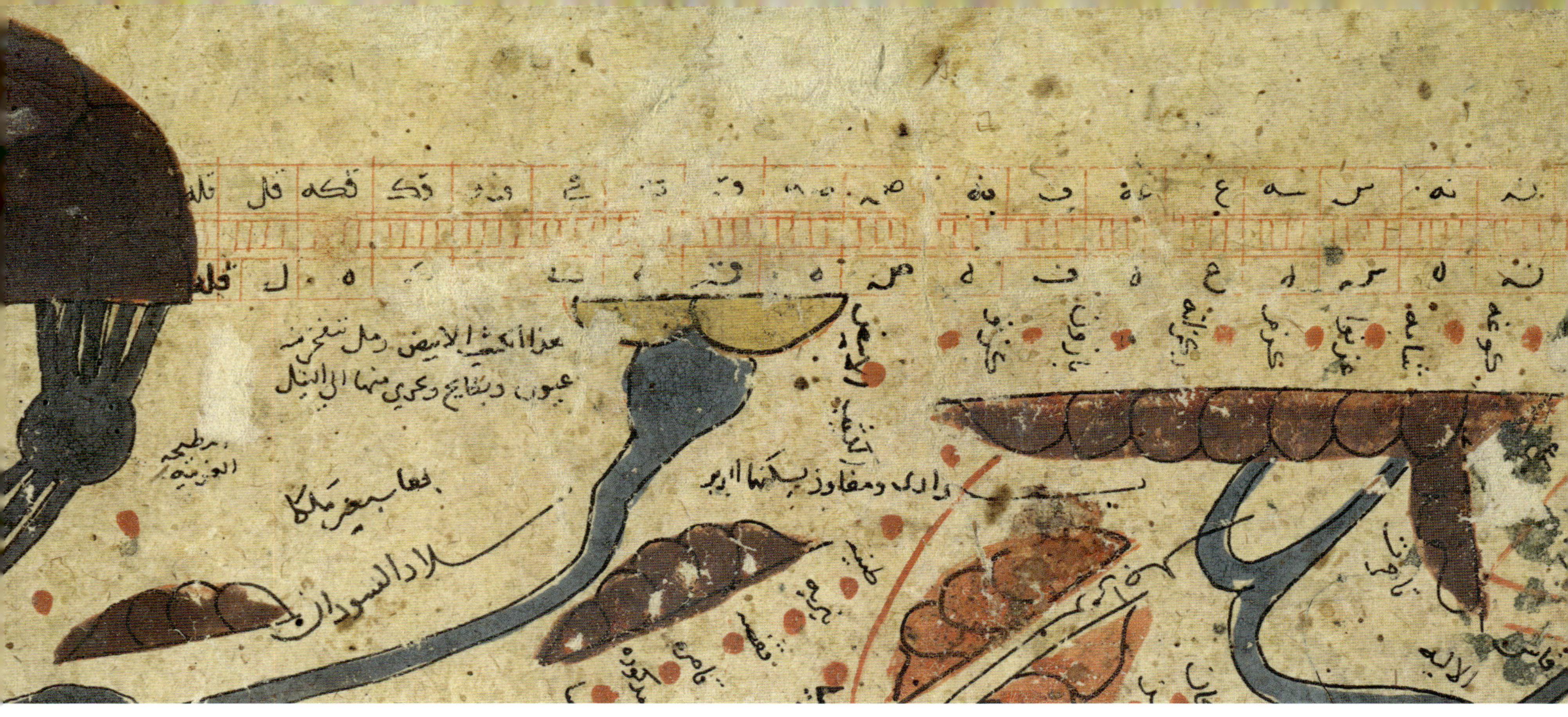

Detail des Maßstabs auf der rechteckigen Weltkarte aus dem *Buch der Merkwürdigkeiten*. Bodleian Library, University of Oxford, MS. Arab c. 90, foll. 23b–24a.

Sicher, der Maßstab ist beträchtlich verzerrt. Der offensichtlichste Fehler besteht darin, dass er auf der Karte so unterteilt ist, dass er bis 360° durchläuft, so als stellte die Karte die gesamte Erde dar. Sie zeigt jedoch nur die bewohnten Landgebiete der Erde vom Atlantik bis China, von denen man annahm, sie bedeckten die Hälfte der Erdoberfläche. Daher hätte der Maßstab über die ganze Karte gemessen nur 180° anzeigen sollen. Dieser Fehler macht den Maßstab in der abgebildeten Form sinnlos, ja fast zum reinen Dekor. Der Kartenzeichner oder zumindest der Kopist der heute erhaltenen Abschrift hatte keine gute Vorstellung davon, wie man eine solche Längenskala verwenden musste. Außerdem ist klar, dass der Maßstab zur Position keines der dargestellten Orte im Verhältnis steht. Selbst wenn man die Ziffern auf der Skala in die korrekten 180° abändert, stimmen die Positionen der wichtigsten islamischen Städte wie Córdoba, al-Qairawan und Mekka überhaupt nicht mit den Längenwerten des Maßstabs überein. Auch zur erwarteten Breite, auf der sie liegen, fehlt jede Übereinstimmung. Dem Maßstab am oberen Rand zum Trotz ist auch diese Weltkarte nicht nach mathematischen Methoden gezeichnet.

Doch immerhin basiert das Konzept der Karte auf mathematischen Methoden und den Begriffen Länge und Breite. Der anonyme Autor des *Buches der Merkwürdigkeiten* erklärt, seine Weltkarte solle den bewohnten Teil der Welt darstellen, vom Äquator bis „zur äußersten Grenze der bewohnten Welt, die bei 66 Grad (Länge) liegt", wie in der *Geographie* des Ptolemäus steht. Seine Karte, so der Autor, wolle nur die bewohnte Welt, das bewohnte Viertel der Erdoberfläche zeigen. Wenn wir den Blick auf dieser Weltkarte hin- und herwandern lassen, stellen wir fest, dass der Maßstab höchstwahrscheinlich am Äquator entlang verläuft, oben rechts, während die unbewohnten Gegenden Afrikas jenseits des Äquators ausgelassen

sind. Unten zeigt die Karte Nordeuropa, reicht aber nicht bis zum Nordpol. Stattdessen wird sie von einer Breitenlinie begrenzt, die irgendwo nördlich von al-Khwārizmīs Siebtem Klima verläuft.[8] Unten links sehen wir eine große Mauer, und ihre Beschriftung erklärt, diese Mauer hindere die Völker Gog und Magog daran, auf die menschliche Zivilisation loszugehen. Sie markiert das Ende der bewohnten Welt. Diese Mauer von Gog und Magog lokalisierte al-Khwārizmī auf 63° N.

Vorausgehende Doppelseite: Weltkarte aus einer Enzyklopädie des im 14. Jahrhundert tätigen ägyptischen Autors Ibn Faḍlallāh al-ʿUmarī, ca. 1340. Topkapı-Palastmuseum, Istanbul, MS. A 2797, foll. 292v–293r.

Die ungewöhnliche Rechteckform dieser Weltkarte ist ihrerseits das Ergebnis des Umstandes, dass ihre Grenzen durch Breitengrade eingerahmt werden. Die islamischen Kartenzeichner entschieden sich wie ihre meisten europäischen Zeitgenossen üblicherweise dafür, die Erde als Kreis oder Scheibe darzustellen, und in den nächsten Kapiteln werden wir auf viele Beispiele solcher kreisförmiger Weltkarten stoßen. Dagegen ist die Weltkarte im *Buch der Merkwürdigkeiten* insofern ungewöhnlich, als sie allein die bewohnten Teile der Welt zeigt, die ihrerseits durch Breitengrade definiert sind – vom Äquator bis 66° N. Sobald man den Nordpol und die ganze Fläche südlich des Äquators ausschließt, lässt sich eine rechteckige Fläche einfacher darstellen. An dieser Stelle sollten wir an das instruktive Diagramm Suhrābs und an dessen einfache Projektion denken. Ein Rechteck passte schlicht besser zum mathematischen Konzept dieser Karte.

Am Ende eine maßstabsgetreue Karte?

Wir beenden unsere Reise, die bei al-Khwārizmīs Koordinatentabellen begann, mit einer Weltkarte des 14. Jahrhunderts, die der Inbegriff des mathematischen Kartenzeichnens im islamischen Mittelalter ist (siehe Abb. S. 32 f.). Diese erstaunlich komplexe Weltkarte in Kreisform, Teil einer Enzyklopädie des im 14. Jahrhundert lebenden Ägypters Ibn Faḍlallāh al-ʿUmarī, zeigt entlang des Äquators einen Maßstab, so wie in der rechteckigen Weltkarte im *Buch der Merkwürdigkeiten*. Diesen Maßstab führt der Autor auf den „Autor der *Geographie*" zurück. Da jedoch einige der mit Namen angegebenen Städte, etwa Delhi an der Nordküste des Indischen Ozeans, erst im 13. Jahrhundert gegründet wurden, kann dies keine direkte Kopie einer Karte des Ptolemäus oder auch von al-Khwārizmī gewesen sein.[9] Auf dieser Karte sind die Gradzahlen des Maßstabs am Äquator korrekt markiert, und vom Äquator zum Nordpol verlaufen Linien, die für Längeneinteilungen stehen. Für die Breitengrade fehlt ein vergleichbarer Maßstab, doch zählt die Legende außerhalb der Karte die sieben Klimata nördlich des Äquators auf. Wir haben beinahe schon ein vollständiges Gitternetz, und die Gestalt der Kontinente ist leichter zu erkennen – was sich zum Teil der raffinierteren Projektion verdankt. Endlich sind wir bei einer Karte angekommen, die zumindest teilweise nach mathematischen Prinzipien erstellt worden sein kann.

Wieso hatte diese mathematische Art des Kartenmachens bei den Kartographen, die in der islamischen Welt des Mittelalters tätig waren, erst so spät und begrenzt Erfolg? Al-Khwārizmī hatte Tabellen mit den Längen- und Breitenangaben für Tausende von Orten geliefert, und viele Astronomen und Geographen nach ihm ergänzten und verbesserten diese Tabellen. Suhrāb hat uns schon gezeigt, dass sich das Prinzip, eine Weltkarte durch das Abtragen von Breiten- und Längenwert auf einem Gitternetz zu erstellen, leicht verstehen ließ. Das mathematische Können zur Schaffung maßstäblicher Karten war offensichtlich schon im 9. Jahrhundert vorhanden. Und doch ist – außer vielleicht der Karte al-ʿUmarīs aus dem 14. Jahrhundert – keine einzige maßstäbliche Karte erhalten. Das ist kein Zufallsprodukt des willkürlichen Überlebens einzelner Handschriften – es sind ja Hunderte anderer Karten erhalten – und liegt auch nicht an irgendeinem mittelalterlichen Mangel an Phantasie. Vielmehr ist es dazu durch eine bewusste Ablehnung gekommen, die auf praktischen wie auf ideologischen Gründen beruht.

Tatsächlich waren nämlich maßstabsgetreue Karten im Kontext des Mittelalters furchtbar unpraktisch. Die Genauigkeit einer Karte hängt von der Genauigkeit der Informationen ab, die man auf ihr unterbringt. So eindrucksvoll die Breiten- und Längentabellen al-Khwārizmīs und anderer in ihrer Zielsetzung auch sind, sie sind schlicht nicht sehr genau. Die Methoden zur Breitenbestimmung, etwa die Messung der Sonnenhöhe am Mittag oder der Stundenlänge des längsten Tages, lieferten nur Annäherungswerte. Die Längenbestimmungen waren sogar noch gröber. Bei allem wissenschaftlichen Reiz, der von ihnen ausgeht, stellten die Koordinatentabellen lediglich ganz grobe Schätzungen dar, die bei der Zeitrechnung oder der Bestimmung der Gebetsrichtung nach Mekka halfen. Die Fehlerquote war so groß, dass es völlig sinnlos war, die Orte nach diesem System in Detailkarten einzelner Provinzen einzutragen. Der einzige Maßstab, in dem sie Sinn ergeben hätten, war der einer Weltkarte.

Dann aber stellt sich das Problem der Projektion, das für Weltkarten viel kritischer ist als für Regionalkarten. Auf den Karten kleinerer Gebiete, etwa einer Karte Ägyptens oder Englands, erzeugt das Übertragen der Erdkrümmung in die flache Papieroberfläche keine nennenswerten Verzerrungen. Wenn man aber die Erde oder auch nur ihre Nordhalbkugel zu zeigen versucht, werden die Verzerrungen so erheblich, dass man komplizierte mathematische Lösungen dafür braucht. Eine schlichte Projektion auf ein Rechteck, wie Suhrāb sie vorschlug, hätte bedeutet, dass sich der Nord-, West- und Ostrand der Karte in die Länge zog und viel größer ausgesehen hätte, als er eigentlich war.

Selbst wenn man diese Projektionsprobleme hätte lösen können – wozu wären solche Karten gut gewesen? Wir wissen, dass der Gelehrte al-Bīrūnī im 11. Jahrhundert mehrere

Projektionsweisen vorgeschlagen hat, die exaktere Weltkarten ergeben hätten. Doch selbst seine eigene Weltkarte ist eine bloße Skizze. Besonders nützlich sind Weltkarten bei Reisen auf hoher See, und es ist kein Zufall, dass die ersten Weltkarten, die Entfernungen und Kontinente einigermaßen genau darstellten, gleichzeitig mit dem Zeitalter der europäischen Entdeckungen auftauchten. Die muslimischen Reiche waren überwiegend Landreiche, und wo die muslimischen Händler das Mittelmeer oder den Indischen Ozean befuhren, hielten sie sich nahe an den Küsten oder verließen sich auf die berechenbaren Monsunwinde.

Die muslimischen Kartenzeichner, angefangen bei al-Khwārizmī selbst, stellten Lesbarkeit und Effektivität über die Präzision. Die mathematischen Verfahren, die Ptolemäus entwickelt hatte, waren zwar bekannt, wurden aber bewusst und ausdrücklich übergangen. Das wissen wir aus dem expliziten Zeugnis eines Kartographen, nämlich des anonymen Ägypters aus dem 11. Jahrhundert, der das *Buch der Merkwürdigkeiten* verfasste. Nachdem er die oben besprochene rechtwinklige Weltkarte geliefert hat, die oben einen Maßstab in rein symbolischen Längengraden aufweist, bricht er anschließend offen mit dieser Tradition. Die folgenden Karten, so sagt er wörtlich, sollten keine akkuraten Abbildungen darstellen. Zwei Gründe nennt er, wieso er auf exakte Küstenlinien verzichtet. Erstens könne aus Land Meer und aus Meer Land werden, wozu mehrere Beispiele aus nicht zu ferner Vergangenheit genannt werden, in denen Erdbeben und Riesenwellen die Küstenverläufe dauerhaft verändert hätten. Mit der Zeit änderten sich die Küstenlinien durch die Naturgewalten und allzu präzise Karten veralteten dann.

Zweitens – und hier zeigen sich die Grenzen der mathematischen Kartographie am deutlichsten – entspreche es nicht den Bedürfnissen der Kartennutzer, die Küstenlinien nach Koordinaten einzutragen. Unter Verwendung der Begriffe, die al-Khwārizmī zur Beschreibung der Bausteine der mathematischen Kartographie genutzt hatte, erklärt der spätere Autor, Karten, die in der von Ptolemäus in der *Geographie* beschriebenen Art gezeichnet seien, bildeten „Krümmungen in der Küste (*ʿaṭfāt*), spitze Golfe (*shābūrāt*), eckige (*murabbaʿāt*) und konkav eingezogene Landzungen (*taqwīrāt*)“. Weiter sagt er:

> Diese Gestalt der Küste gibt es in Wirklichkeit, aber selbst wenn sie mit dem feinsten Instrument gezeichnet wäre, könnte der Kartenzeichner (*muhandis*) keine Stadt in der richtigen Lage an den Krümmungen der Küste oder den spitzen Buchten eintragen [wörtlich: ‚bauen‘]. Das liegt an den engen Grenzen des Raumes [auf der Seite] im Gegensatz zur riesigen Fläche der wirklichen Welt. Deshalb haben wir diese Karte auf diese Art gezeichnet, sodass jeder [den Namen für] jede Stadt herausfinden kann.[10]

Vielleicht sei es möglich, so unser anonymer Kartograph, maßstäbliche Karten zu konstruieren, indem man sehr feine Instrumente und präzise Messungen verwendet, so wie Ptolemäus es empfiehlt. Das aber würde dem Zweck einer Karte zuwiderlaufen, denn die unregelmäßige Form der Küstenlinie ließe dann keinen Platz für Beschriftungen. Hier haben wir es direkt von der Quelle: Ein muslimischer Kartograph des Mittelalters entscheidet sich dafür, die Präzision zugunsten der Lesbarkeit zu vernachlässigen, und will das ausdrücklich aus Gründen der Praktikabilität tun. Er zweifelt nicht daran, dass die Leser seiner Karten lieber klare Beschriftungen als akkurate Küstenverläufe möchten.

In dieser Hinsicht zumindest ist al-Khwārizmīs Projekt also gescheitert. Er lebte auf dem Höhepunkt der Übersetzungsbewegung, als die griechische Wissenschaft in großem Umfang in die entstehende islamische Kultur übernommen wurde. Der Schatten der rationalistischen Weltsicht, zu der sich der Kalif al-Maʾmūn bekannte, war lang, auch wenn wir keinen Beweis dafür haben, dass al-Khwārizmī tatsächlich an al-Maʾmūns Hof arbeitete. Im Lauf des folgenden Jahrhunderts verlor dieses Weltbild einiges an Glanz. Auch weiterhin schätzte man das griechische Wissen, doch jetzt wurde es angepasst, umgemodelt und kritisch gewürdigt. Traditionalistische Theologen reagierten auf die Herausforderung durch die griechische Philosophie, indem sie eine Theologie schufen, die spürbarer als zuvor islamisch war. Eine neue Generation muslimischer Kartenzeichner, allen voran der Kartograph al-Iṣṭakhrī im 10. Jahrhundert, sollte Karten schaffen, die die Kultur des Islam ins Zentrum ihrer Aufmerksamkeit rückten.

Kapitel 2

Eine Welt des Islam in Kreisen und Linien

Karte Syriens und Palästinas aus al-Iṣṭakhrīs *Buch der Wege und Reiche*, Abschrift von 1272. Süden ist oben. Bodleian Library, University of Oxford, MS. Ouseley 373, fol. 34r.

Über den erfolgreichsten Kartographen der islamischen Geschichte wissen wir kaum mehr als das, was uns sein Name, sein geographisches Werk und seine Karten verraten. Geboren wurde Abū Isḥāq al-Iṣṭakhrī, auch bekannt unter dem Namen al-Fārisī, wahrscheinlich gegen Ende des 9. Jahrhunderts in der alten Stadt Iṣṭakhr in Südiran. Von seinem Leben wissen wir lediglich, dass er 935 oder 936 durch Basra kam und etwas später einen jüngeren Geographen namens Ibn Ḥauqal traf, mit dem er sich austauschte und Karten der östlichen und westlichen Regionen der noch im Entstehen begriffenen islamischen Welt verglich. Wo dieses Treffen stattfand, wissen wir nicht. Beide hatten weite Teile einer islamischen Welt bereist, die von Indien bis nach Spanien reichte und sich in dem Jahrhundert seit dem Tod al-Khwārizmīs in eine Vielzahl von Dynastien und Staaten aufgespalten hatte, die dem Abbasidenkalifen in Bagdad überwiegend rein symbolisch Gehorsam schuldeten.

Al-Iṣṭakhrīs großes Vermächtnis besteht in jener geographischen Schrift, die heute als *Buch der Wege und Reiche* bekannt ist, einem Kartensatz mit geographischen Begleittexten.[1] Der Urtext des 10. Jahrhunderts ist nicht erhalten; wir besitzen lediglich spätere Abschriften, wissen also nicht genau, wie sich al-Iṣṭakhrī das Aussehen seiner Karten dachte. Das früheste datierte Exemplar seines Werks, das sich heute in der Forschungsbibliothek Gotha befindet, ist Ende des 12. Jahrhunderts entstanden. In den folgenden Jahrhunderten jedoch – im Spätmittelalter und der Frühen Neuzeit – schlossen sich unter den Osmanen und den Moguln Dutzende weiterer Abschriften von al-Iṣṭakhrīs Werk an. Heute gibt es wahrscheinlich gut fünfzig bekannte Exemplare, häufig als Übersetzungen des arabischen Originals ins Persische und ins osmanische Türkisch. Von al-Iṣṭakhrīs Karten existieren mehr bekannte Kopien als von jedem anderen muslimischen Kartographen des Mittelalters. Aus den Händen der einzelnen Kopisten ist einiges an Varianten in dieses Corpus eingeflossen, und jede Handschrift des *Buches der Wege und Reiche* ist ein Kunstwerk für sich. Doch trotz aller Unterschiede gehen sie eindeutig von einem einzigen, genial einfachen Entwurf aus, der unverkennbar von al-Iṣṭakhrī stammt. Die bleibende Beliebtheit seiner Karten aus dem 10. Jahrhundert – ungeachtet der weithin verfügbaren europäischen Kartographietechniken der Frühen Neuzeit – legt nahe, dass sie bei ihren muslimischen Nutzern einen Widerhall fanden, der weit über ihren praktischen oder fachwissenschaftlichen Wert hinausreichte. Mehr als jeden anderen ist al-Iṣṭakhrīs Karten ein Symbolwert zugewachsen, als einprägsame Visualisierung der Verbundenheit und Einheit der islamischen Welt.[2]

Den Kern dieses postumen Erfolgs bildet al-Iṣṭakhrīs revolutionäre Methode des Kartenzeichnens, die das genaue Gegenteil des Vorgehens von al-Khwārizmī bildete. Al-Iṣṭakhrī mied jeden Rückgriff auf die mathematische Geographie samt ihren Längen- und Breiten-

صوره الشام

الجنوب

الشمال

بحيره الميته

بحيره الطبريه

بحر الروم

بحر القلزم

مسجد ابرهيم عليه السلام

نابلس

بيت المقدس

اريحا

الرمله

غزه

طبريه

زغر

عسقلان

ارسوف

قيساريه

عكا

صور

صيدا

بيروت

جبل

اطرابلس

انطرطوس

جبله

اللاذقيه

السويدا

اسكندرونه

بياس

عرقه

البلقا

دمشق

بعلبك

حمص

حماه

قنسرين

حلب

انطاكيه

الكنيسه

الهارونيه

مصيصه

اذنه

طرسوس

عين زربه

منبج

حصن منبج

مرعش

زبطره

الحدث

سميساط

ملطيه

الفرات

نهر سيحان

نهر جيحان

نهر بردان

المشرق

المغرب

ديار الروم

واما ديار شام راغربي

Ägyptenkarte aus al-Iṣṭakhrīs *Buch der Wege und Reiche*, Abschrift von 1306. Süden ist oben.
The Nasser D. Khalili Collection of Islamic Art. Copyright Family Trust, MSS. 972, fol. 20a.

angaben und gab fast alle Bezüge auf Ptolemäus und die griechische Nomenklatur auf. Auch dem universalen und globalen Blickwinkel seines Vorgängers kehrte er den Rücken. Stattdessen standen bei ihm die Provinzen der islamischen Welt im Zentrum – das heißt, die von muslimischen Herrschern regierten Gebiete. Sein Werk besteht aus zwanzig Regionalkarten, die einen regelrechten Atlas des Islam bilden. Jede Regionalkarte zeigt in einem unverwechselbaren geometrischen Design Landwege, die für Handels- und Pilgerreisen nützlich sind. Diese Wege erscheinen als Geraden, auf denen die Zwischenstationen in ungefähr gleichen Abständen voneinander markiert sind; auf einen Maßstab wird bewusst und vorsätzlich verzichtet. Die nichtmuslimischen Länder fehlen auf den Regionalkarten und erscheinen lediglich auf einer kreisförmigen Weltkarte, die wie in einem modernen Atlas am Anfang des Buches steht und die Regionalkarten, die ihr folgen, miteinander verknüpfen soll.

Sehen wir uns als Beispiel für al-Iṣṭakhrīs Regionalkarten zunächst seine Karte von Syrien und Palästina an (Siehe Abb. auf S. 41). Erhalten ist sie in einer persischen Übersetzung als Abschrift von 1272, die in der Bodleian Library liegt. Ausgerichtet ist die Karte insgesamt nach Süden, der in der oberen linken Ecke angegeben ist. Das grüne Band rechts steht für das Mittelmeer, die beiden gleich großen grünen Kreise oben links für den See Genezareth und das Tote Meer. Das diagonale Band zeigt eine Reihe von Gebirgsketten an, die vom Antitaurus in Anatolien, der unten rechts erscheint, bis zum Roten Meer oben links verläuft. Dieser Gebirgskette entspringen Flüsse, die als gerade blaue Bänder gezeichnet sind. Entlang der Mittelmeerküste finden wir eine Reihe namentlich bezeichneter Städte von Askalon im Süden bis Tarsus in Anatolien. Die dünnen Geraden, die die Städte des Binnenlands verbinden, stehen für die wichtigen Handelsrouten der damaligen Zeit. Einer dieser Wege führt von Gaza oben rechts nach Ramla und Tiberias, dann durchquert er die Bergkette und erreicht Damaskus.

Der auffälligste Aspekt dieser Karte ist ihr schlichtes, abstraktes geometrisches Design. Jede Linie ist entweder gerade oder gekrümmt, Flüsse erscheinen als parallele Linien, Seen bilden vollkommene Kreise. Für die Städte stehen Quadrate, Kreise oder andere geometrische Grundformen. Die einfache Farbskala – Rot für Wege, Grün und Blau für Salz- und Süßwasser – erhöht die Verständlichkeit der Karte (obwohl der Kopist dieser Handschrift den See Genezareth irrtümlich grün eingefärbt hat und verkannte, dass es sich um einen Süßwassersee handelt). Die Linienführung ist stark stilisiert, der Abstraktionsgrad extrem hoch; hier gibt es keinerlei Versuch, Maßstab oder Richtung festzuhalten.

Die Missachtung der mathematischen Geographie bildet einen scharfen Kontrast zu al-Khwārizmīs in Kapitel 1 beschriebener Nilkarte. Vergleichen wir mit ihr al-Iṣṭakhrīs Ägyptenkarte (nebenstehend) aus einer Abschrift von 1306/07, die sich heute in der Nasser D.

Khalili Collection of Islamic Art befindet. Zuerst fällt uns auf, dass al-Iṣṭakhrīs Karte Ägypten zeigt und nicht den Nil; außerdem betont sie eher die Metropolen, die der Strom miteinander verbindet, als die Biegungen und Schleifen des Flussbetts. Diese Karte verwendet eine größere Farbpalette, doch bleibt das Diagramm markant abstrakt und schematisch; ein Versuch, den tatsächlichen Verlauf des Nils abzubilden, unterbleibt. Al-Iṣṭakhrī gab all die hellenistischen Merkmale auf, die al-Khwārizmīs Karte prägen und einen massiven Rückgriff auf Ptolemäus und das vorislamische Wissen bezeugen. Das Mondgebirge und das Seensystem an den Nilquellen, lauter Details aus dem hellenistischen Wissensbestand, fehlen auf dieser Karte. Auch sehen wir keine jener Klimalinien, die al-Khwārizmīs Karte mit der mathematischen Geographie verknüpfen. Der Nil fließt in gerader Linie zwischen zwei parallelen Bergketten von Süden nach Norden. Statt in einem gegabelten Delta zu enden, läuft der Strom in einer halbkreisförmigen Bucht aus, in der die parallel gestellten, übergroßen Inseln Tinnīs und Damiette liegen. Das Rote Meer erscheint links als stilisierter Vogelkopf mit dem Hafen Qulzum (dem heutigen Suez) an der Schnabelspitze.

Die Macht der abstrakten Geometrie

Man hat al-Iṣṭakhrīs abstrakte Karten als primitiv und naiv bezeichnet, doch ihr Abstraktionsgrad beruht auf Absicht, nicht auf Unkenntnis oder Unfähigkeit. Wie Emilie Savage-Smith zeigen konnte, war der Hauptzweck des geometrischen Designs eine Funktion als Gedächtnisstütze, als Mittel, ein kompliziertes Material zu ordnen.[3] Das Prinzip hinter al-Iṣṭakhrīs genialen Kartenentwürfen ist dasselbe wie hinter der bahnbrechenden Karte, die Harry Beck für die Londoner U-Bahn entwarf (nebenstehend). Wie vor ihm al-Iṣṭakhrī entschied sich auch Beck für eine Vereinfachung der Karte, sodass die Bahnlinien als Geraden erscheinen und die Stationen in gleichen Abständen, was die physische Geographie zugunsten der Lesbarkeit und Verständlichkeit verzerrt. Eben weil Beck absichtlich auf Koordinaten und eine genaue Wiedergabe der physischen Realität verzichtete, um eine leicht einzuprägende Sortierweise für komplizierte Informationen zu erreichen, ist sein Entwurf seit seiner Einführung 1933 so ungeheuer erfolgreich und beliebt geblieben.

Wie die Karte der Londoner Tube dienten auch al-Iṣṭakhrīs Karten von Syrien und Ägypten einem praktischen Zweck und stellten die Karawanenwege samt deren Stationen in den Vordergrund. Quelle der auf den Karten gegebenen Informationen müssen ursprünglich Reisende gewesen sein, anschließend aber überführte al-Iṣṭakhrī die von ihm gesammelten Daten in ein visuell zugängliches Medium. Natürlich waren diese Syrien- und Ägyptenkarten keine Taschenformate, die man auf Reisen mitnehmen konnte. Sie waren Teil einer längeren Abhandlung, und jede Karte war einem Text zur physischen und Humangeographie

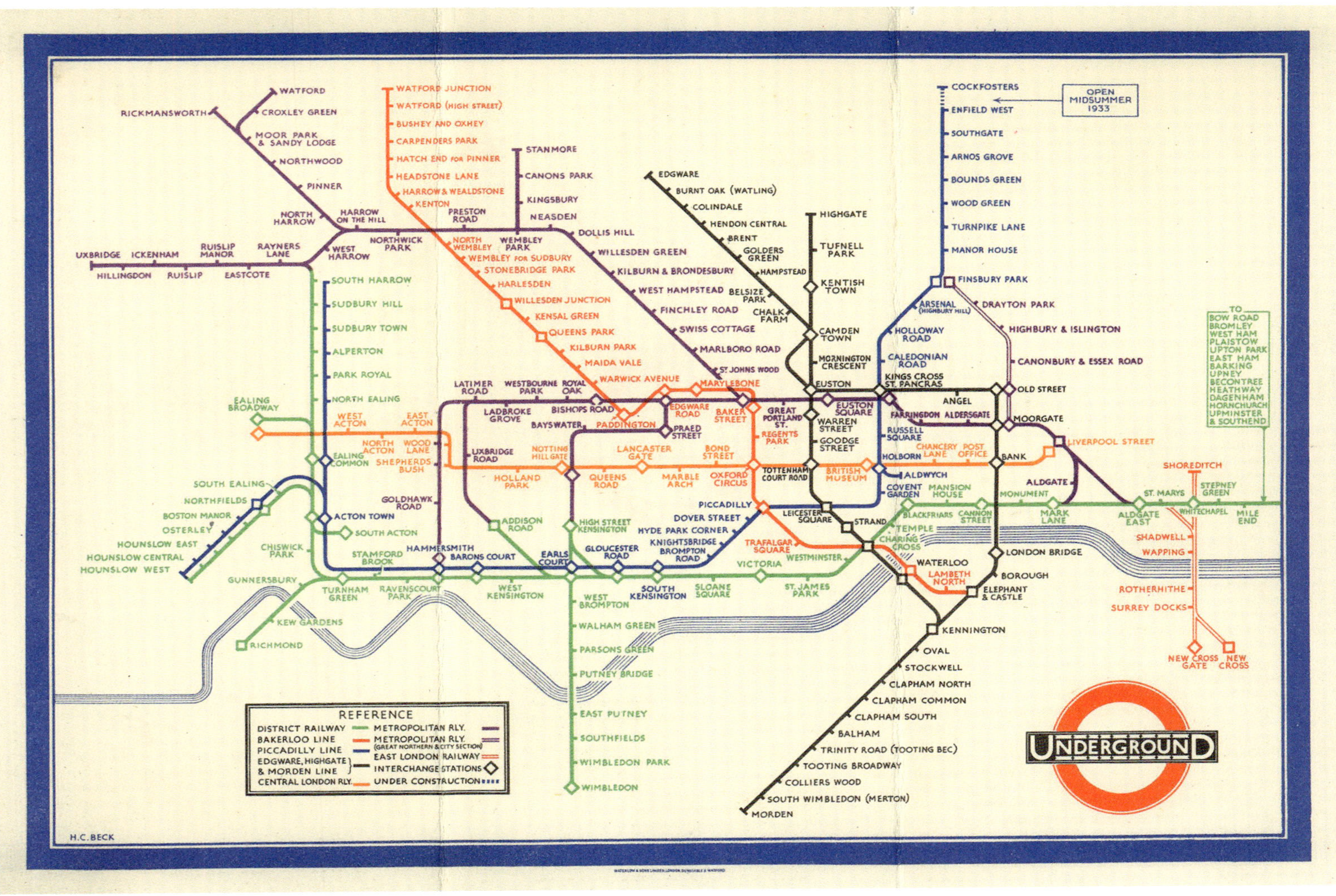

London Underground, Kartenentwurf 1933 von Harry Beck.

beigegeben. Aber – und hier kann es hilfreich sein, sich al-Iṣṭakhrīs Werk als mittelalterliches Äquivalent zu einem heutigen Atlas vorzustellen – mit den Karten konnte man Reisen auf eine Art planen, die sonst unmöglich war. Indem sie Beziehungen zwischen Einzeldaten herstellten, wie ein linearer Erzähltext das nicht konnte, ermöglichten sie es dem Kartenleser zu erkennen, wo er zwischen den Routen wechseln konnte.

Außerdem wies al-Iṣṭakhrīs geometrischer Entwurf Anklänge zum Umschwung im Kunstgeschmack auf. Während des ersten islamischen Jahrhunderts stellten die Bauornamente der Herrscher des neuen Reiches oft Abwandlungen der spätantiken und der hellenistischen Ikonographie dar, wie die Mosaiken des Felsendoms und die reichen Fresken der Wüstenschlösser der Omaiyadenkalifen des mittleren 8. Jahrhunderts zeigen. Doch zu al-Iṣṭakhrīs Zeit hatte die Herrscherelite der Abbasiden schon begonnen, spezifisch islamische Ausdrucksweisen in der Kunst zu entwickeln. Ob als Schnitzereien an Palastwänden oder als neue Glasurtechniken für die Keramik, die Kunstwerke des 9. und 10. Jahrhunderts bekunden die wachsende Vorherrschaft wiederkehrender geometrischer Muster, die ein komplexes Netz aus Sternen, Kreisen und anderen Grundformen bildeten. Den abbasidischen Eliten erschien dies als raffinierte und zugleich besonders islamische Kunstform, und als al-Iṣṭakhrī entschied, wie er die Welt darstellen wollte, wandte er sich derselben Bildsprache zu.

Karte der Arabischen Halbinsel aus al-Iṣṭakhrīs *Buch der Wege und Reiche*, Abschrift von 1272. Süden ist oben. Bodleian Library, University of Oxford, MS. Ouseley 373, fol. 4.

Über die abstrakte Geometrie hinaus unterstreichen diese Karten Syriens und Ägyptens außerdem den abgegrenzten, eigenständigen Charakter ihrer Regionen. Karten und dargestellte Gebiete sind an den Rändern von roten oder schwarzen Linien und vom quadratischen Seitenformat eingefasst. So unterstreichen diese Karten, was eine moderne Gelehrte eine regionale „Kategorie der Zugehörigkeit“ genannt hat.[4] Als al-Iṣṭakhrī im 10. Jahrhundert seine Karten schuf, hatte jede Region der islamischen Welt bereits ein gewisses Maß an eigenem Identitätsgefühl hervorgebracht. Diese Identitäten entsprachen zwar zum Teil den Provinz- und Finanzbezirksgrenzen, die das Abbasidenreich geschaffen hatte, beruhten aber nicht auf ihnen. Beispielsweise folgt auf die Karte Syriens und Palästinas ein beschreibender Text, der die näheren Unterteilungen in Verwaltungsbezirke aufführt, etwa die Finanzdistrikte Palästina (Filastin), Damaskus und Jordanien. Die Karte selbst jedoch zeigt keine Spur dieser Steuerbezirke. Die syrische Regionalidentität, die aus der Karte hervorgeht, hängt nicht an der Existenz eines Provinzstatthalters oder von Steuereintreibungen, sondern scheint ihre Geschlossenheit aus dem Netz der städtischen Zentren und Handelswege zu beziehen.

Während al-Iṣṭakhrī die besonderen Identitäten Syriens und Ägyptens erkennt, abgrenzt und unterstreicht, zeigt er diese Regionen zugleich als Bausteine, die gemeinsam das einheitliche Haus der islamischen Welt bilden. Alle Regionalkarten folgen demselben geometrischen Gesamtdesign und Farbspektrum, jede Karte ist außerdem auf die Nachbarregionen bezogen. Wer die Syrienkarte betrachtet, wird durch Beschriftungen an den Seitenrändern darauf verwiesen, dass er seine gedankliche Reise durch die Länder des Islam fortsetzen kann, indem er die Karten der Nachbargebiete an anderen Stellen derselben Schrift aufschlägt, etwa die des Irak und der Arabischen Halbinsel. Politische Teilungslinien finden sich hier jedoch nicht, kein Anzeichen örtlicher Machthaber oder autonomer Sultane, keine Bilder von Königen auf dem Thron, wie sie auf späteren europäischen Portulankarten erscheinen. Nicht einmal Bagdad als Hauptstadt des Abbasidenreichs und Sitz der Kalifen wird auf den Karten besonders hervorgehoben. Im Zentrum stehen bei al-Iṣṭakhrīs Karten die Handelswege, und die islamische Welt wird als eine Kette aus Städten gesehen, eher als Kommunikationsnetzwerk denn als Ansammlung von Herrschern.

Eine Welt des Islam

Die vielleicht größte Leistung der Karten al-Iṣṭakhrīs besteht darin, dass sie die Welt des Islam ebenso sehr *geschaffen* wie gespiegelt haben. Wegen des raschen Zerfalls des Abbasidenreichs waren die wachsenden muslimischen Gemeinden nicht mehr durch eine zentralisierte politische Ordnung miteinander verbunden. Stattdessen wurde die Einheit des Islam nun durch die Handelswege bewahrt, welche die städtischen Gemeinschaften der muslimischen Gelehr-

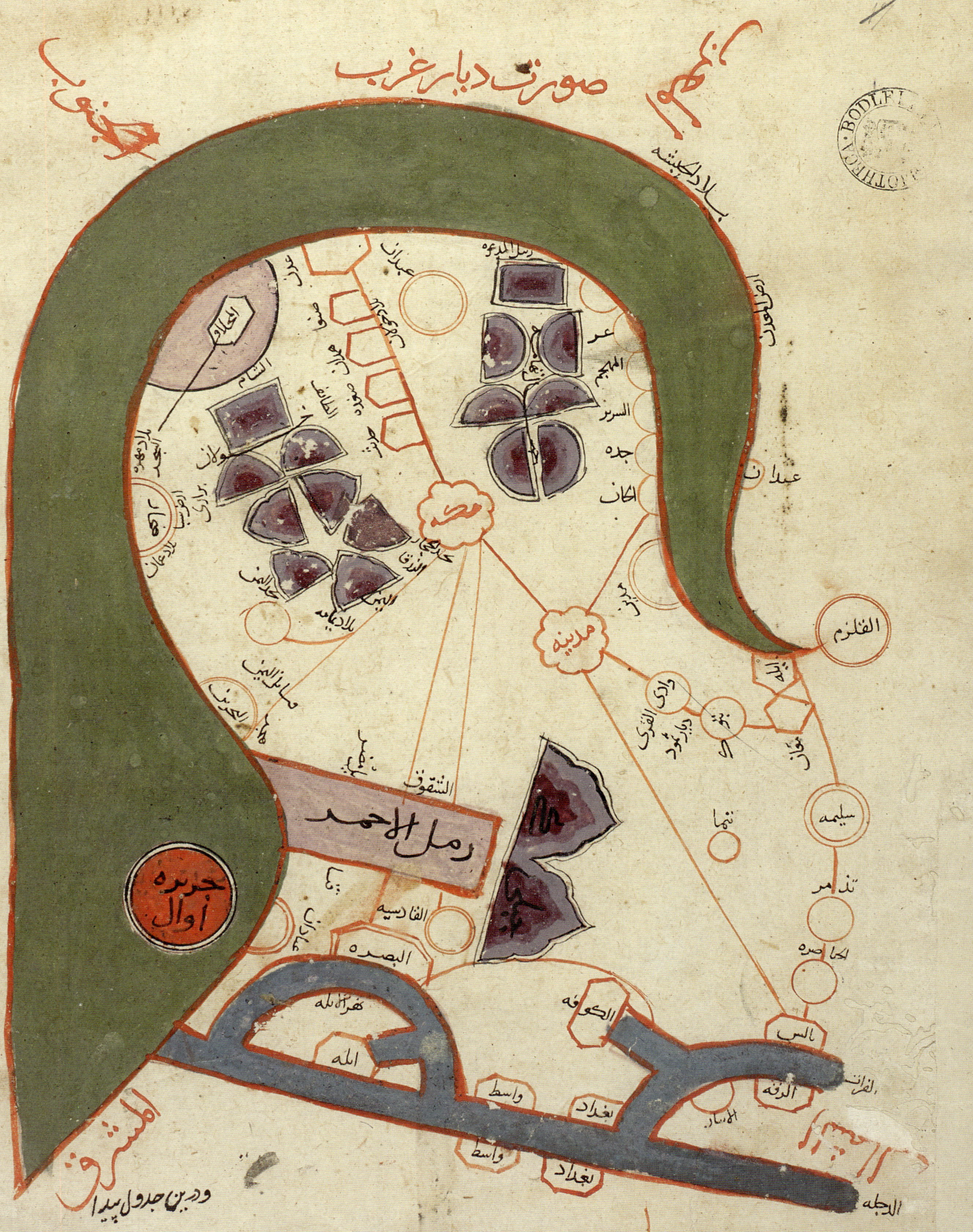

صورت ديار عرب

شمال

جنوب

بلاد الحبشه

رمل الاحمر

جزيره اوال

مكه

مدينه

القلزم

سليمه

تدمر

جده

السرين

عدان

الجار

الشام

القادسيه

البصره

الكوفه

الله

واسط

بغداد

الانبار

الرقه

بالس

الفرات

الدجله

المشرق

المغرب

الجنوب

البحر المحيط

الشمال

تاهرت

سطف

القيروان

زويلة

برقة

بلاد السودان

ظهر الواحات

قرطبة

وادي الحجارة

افرنجة

بلاد الروم

جزيرة سقلية

حد مصر

بحر الروم

المشرق

المغرب

Karte des muslimischen Spanien und Nordafrikas aus al-Iṣṭakhrīs *Buch der Wege und Reiche*, Abschrift von 1272. Der Atlantische Ozean im Westen ist oben. Bodleian Library, University of Oxford, MS. Ouseley 373, fol. 23.

ten und Händler verbanden; in ihr hatten die lokalen Gemeinschaften jeweils ihr eigenes regionales Identitätsgefühl, waren aber allesamt zu einem großen islamischen Projekt verknüpft. Al-Iṣṭakhrīs Karten griffen diese polyzentrische, vernetzte islamische Welt auf, die von der Iberischen Halbinsel bis ins Industal reichte, und reagierten auf sie. Indem er es vielen Lesern erlaubte, ihre Heimatstadt bildlich als Teil der islamischen Welt zu sehen, hat al-Iṣṭakhrī diese Welt vielleicht erst mit geschaffen.

In dieser neuen polyzentrischen Welt des Islam nahm die Arabische Halbinsel mit den beiden heiligen Städten Mekka und Medina den ersten Platz ein. Alle Abschriften von al-Iṣṭakhrīs Buch setzen die Karte der Arabischen Halbinsel stets vor alle anderen Regionalkarten. Die Arabienkarte im Exemplar der Bodleian Library (siehe Abb. auf S. 47) dominieren eindeutig die Pilgerwege nach Mekka und Medina. Beide Städte sind deutlich mit großen, blütenförmigen Symbolen gekennzeichnet, von denen strahlenförmig in alle Richtungen Routen ausgehen. Die tatsächliche Geographie der Arabischen Halbinsel ist verzerrt, und Mekka wie Medina liegen in ihrem Zentrum, nicht der Wirklichkeit entsprechend in ihrem Westteil. Auch andere interessante Merkmale gibt es auf dieser Karte. Im Westen nimmt das Rote Meer auch diesmal eine stilisierte Vogelform an. In der unteren Hälfte – der Nordhälfte – ist die Halbinsel vom Irak durch ein Band „roten Sandes“ in hellem Purpurton getrennt, das von der Küste bis zu einem markanten Gebirgszug mit zwei Gipfeln nördlich von Basra verläuft. Auch Bagdad erscheint hier ganz unten am Kartenrand, auf beiden Ufern des blauen Bandes des Tigris. Doch dem Zentrum des Imperiums wird hier keinerlei optische Bedeutung verliehen, sondern es ist nur ein weiteres Glied in der Kette aus Städten, die die verschiedenen Regionen der islamischen Welt verbindet.

Im Anschluss an die Karte der Arabischen Halbinsel fangen al-Iṣṭakhrīs Karten der Einzelregionen der islamischen Welt meistens im Westen an und setzen sich dann nach Osten fort, bis Zentralasien erreicht ist. Die erste Karte dieser Folge, auf der die westlichsten Gebiete der Welt des Islam im 10. Jahrhundert erscheinen, zeigt das muslimische Spanien und Nordafrika (siehe Abb. auf nebenstehender Seite). Auf dieser Karte ist Westen oben rechts. Der große, exakt ausgeführte Halbkreis rechts steht für das muslimische Spanien, dessen Hauptstadt Córdoba als großes Achteck in der Mitte der Halbinsel heraussticht – wieder wird die tatsächliche Geographie verzerrt, um die Karte zugänglicher und lesbarer zu machen. Von diesem Hauptknoten laufen gerade rote Linien, die für Reisewege stehen, in alle Richtungen. Nordafrika liegt auf der anderen Seite des grünen Mittelmeers. Auf eine Reihe von Städten an der nordafrikanischen Mittelmeerküste folgt parallel dazu eine Route im Binnenland. Das blass purpurn gefärbte Gebiet weiter südlich, links auf der Karte, steht für den Sand der Sahara.

128
المشرق
النهر
حائط عبدالله بن حميد
حدود الترك

هذه صورة
بحيره
حوارزم
الجنوب
BIBLIOTHECA BODLEIANA

Zwar ist dies eine Karte, in deren Zentrum das Mittelmeer liegt, aber al-Iṣṭakhrīs Interesse gilt hauptsächlich dem Land, und für den Raum des Meeres bleibt wenig Aufmerksamkeit. Der große hellrote Kreis inmitten des grünen Meeres ist die Insel Sizilien, damals der wichtigste muslimische Außenposten im zentralen Mittelmeer. Der purpurrote Berg oberhalb Siziliens ist der Felsen von Gibraltar, der etwas ungeschickt ins Mittelmeer hineingesetzt ist und nicht etwa einen Teil der Iberischen Halbinsel bildet. Die Meerenge oben auf der Karte führt in den Atlantik, hier Ozean oder Umzingelndes Meer genannt. Es wird gar nicht versucht, tatsächliche Küstenverläufe der Inseln oder des Festlandes wiederzugeben. Alle Wege verlaufen über Land, nicht über See. In Wirklichkeit konnten Schiffe die kurze Strecke zwischen Spanien und Nordafrika relativ schnell und mühelos zurücklegen und taten das auch, weshalb die beiden Regionen durch eine gemeinsame Geschichte und Identität verbunden waren. Diese Gesamtidentität würdigt al-Iṣṭakhrī, indem er das muslimische Spanien und das muslimische Nordafrika auf der Karte und im folgenden Text zusammenbringt, aber Seewege oder auch Meeresarme, Buchten und Häfen sind nicht explizit angegeben – insgesamt scheint das Meer ein unbekanntes Gebiet zu sein.

Nichtmuslimische Gebiete bleiben aus dem Wegenetz ausgeschlossen, das die Welt des Islam bildet; sie sind im wahrsten Sinn des Wortes von der Landkarte verschwunden. Die Linie, welche die Iberische Halbinsel teilt, trennt das islamische Spanien von den Ländern der Galizier im Nordwesten. Zu ihnen kann man kommen, indem man den roten Weglinien folgt, die von Córdoba nach Norden ausgehen, aber ihre Städte tragen keine Namen und ihre Länder sind von jenem Netz abgeschnitten, das aus dem islamischen Spanien erst eine separate geographisch-soziale Einheit macht. Die italienische Halbinsel wird überhaupt nicht gezeigt, trotz ihrer Nähe zum muslimischen Sizilien. Der purpurne Sand der Sahara trennt Nordafrika vom „Land der Schwarzen"; die transsaharischen Handelswege, die Gold und Sklaven an die Küsten des Mittelmeers brachten, sind nicht abgebildet. Al-Iṣṭakhrī hatte nicht nur vor, die Welt des Islam wiederzugeben, sondern wollte sie auch als ein autarkes Ganzes darstellen, das sich von jenen Ländern abhob, in denen die Herrschaft des Islam nicht errichtet worden war.

Als Sohn des Iran war al-Iṣṭakhrī vertrauter mit den östlichen, persischsprachigen Teilen der islamischen Welt und tat sich leichter mit ihrer Darstellung. Die letzte in der Serie der Regionalkarten ist eine Karte von Mā Warā al-Nahr – wörtlich übersetzt „der Lande jenseits des Flusses". Bei dem Fluss, von dem hier die Rede ist, handelt es sich um den Amu Darya, den die Griechen als den Oxos kannten, und die abgebildete Region entspricht grob den heutigen Staaten Usbekistan und Turkmenistan (vorausgehende Doppelseite). Die Karte ist nach Südosten orientiert. Der große grüne Kreis unten rechts – im Nordwesten – ist der

Vorausgehende Doppelseite: Karte von Mā Warā al-Nahr (Iran und der Aralsee) aus al-Iṣṭakhrīs *Buch der Wege und Reiche*, Abschrift von 1272. Die Karte ist nach Südosten ausgerichtet; der große grüne Kreis unten rechts ist der Aralsee. Bodleian Library, University of Oxford, MS. Ouseley 373, fol. 128.

Aralsee und die beiden Flüsse, die ihn speisen, sind die großen zentralasiatischen Zwillingsströme: der Amu Darya kommt von Osten, der Syr Darya von Norden. Wie üblich sind die Flussläufe markant stilisiert, ihre Zuflüsse erscheinen als Geraden oder Halbkreise. Buchara, die damals wichtigste Stadt der Region, taucht als Doppelkreis in Purpur auf, der beiderseits an den Ufern des Serafschan dicht vor dessen Zusammenfluss mit dem Amu Darya liegt. Weiter stromaufwärts am Serafschan erscheint unter einem purpurnen Berg mit drei Spitzen Samarkand, ein weiterer Hauptort an den Karawanenwegen, der mit einer roten Doppellinie umschlossen ist.

Diese Karte des islamischen Zentralasien, die zwei Folioseiten des Manuskripts einnimmt, quillt nur so über von Städten und Wegstationen, die miteinander meist durch Geraden oder gekrümmte Linien verbunden sind. Während die schmalere Karte des islamischen Westens auf der einen Seite vom Meer und auf der anderen von den Ländern der Ungläubigen begrenzt ist, vermittelt diese Karte einen Eindruck von der Weite der Steppe Mittelasiens und ihren kreuz und quer verlaufenden, dezentralen Karawanenwegen. Die Fülle dieser Informationen stammte wahrscheinlich aus einer Vielzahl von Quellen, darunter al-Iṣṭakhrīs eigene Reisen in diesen Gegenden. Wie wir wissen, griff er ausgiebig auf das geographische Werk eines Gelehrten einer früheren Generation namens al-Balkhī zurück, der in Buchara gewirkt hatte, als es das Zentrum der bedeutenden Dynastie der Samaniden gewesen war. So verwendete al-Iṣṭakhrī Wissen, das man in neuen Bildungszentren gewonnen hatte, die entlang des Weges nach China in einer Zeit entstanden waren, als der Schwerpunkt der islamischen Welt sich nach Osten verschob. Noch Jahrhunderte nach seinem Tod hatte sein auf die östlichen islamischen Gegenden gerichtetes Hauptaugenmerk in Iran einen besonderen Reiz. Dort nämlich entstanden im Lauf des 13. Jahrhunderts drei persische al-Iṣṭakhrī-Übersetzungen. Ein einmaliges Exemplar einer dieser Übersetzungen hat seinen Weg in die Bodleian Library in Oxford gefunden.

Wie ein heutiger Atlas beginnt auch al-Iṣṭakhrī seine Abhandlung mit einer stilisierten Weltkarte, die allen Regionalkarten vorangestellt ist (siehe Abb. auf S. 54–55). Hauptziel dieser Karte ist, dass der Leser die verschiedenen Regionalkarten richtig zueinander einordnen kann. In ihrer Ausführung unterscheidet sie sich von den auf die mathematische Geographie bezogenen Weltkarten, denen Kapitel 1 gewidmet war; die einzige Kontinuität zu ihnen besteht darin, dass Süden oben ist, die Karten also gesüdet sind. Die kreisförmige, nicht rechteckige Karte zeigt alle damals bekannten Kontinente, seien sie muslimisch oder nicht, bewohnt oder unbewohnt. Der Ring außen, der die Karte umschließt, ist das Umzingelnde Meer, und wie alle mittelalterlichen Gelehrten vor Kolumbus nahm auch al-Iṣṭakhrī an, dass die andere Erdhalbkugel vollkommen mit Wasser bedeckt sei. Europa, dargestellt als dreieckige

المشرق
خراسان

المغرب
النيل
بلاد المغرب
بحر الروم
الشام
مصر

Insel unten rechts, ist der kleinste Kontinent und von Asien durch das Schwarze Meer getrennt. Die drei hervorstechenden Inseln im Mittelmeer sind Zypern, Kreta und Sizilien. Afrika wird vom Nil geteilt, der als gerader Kanal wiedergegeben ist, und das Rote Meer ist abermals durch seine stilisierte Schnabelform zu erkennen. Links öffnet sich der Indische Ozean ins Umzingelnde Meer. Die drei großen vollkommenen Kreise mitten im Indischen Ozean stehen überraschenderweise für drei winzige Inseln in strategisch wichtiger Lage im Persischen Golf, nicht weit von al-Iṣṭakhrīs Heimatstadt in Südiran.

Vorausgehende Doppelseite: Karte der Welt aus al-Iṣṭakhrīs *Buch der Wege und Reiche*, Abschrift von 1272. Süden ist oben. Bodleian Library, University of Oxford, MS. Ouseley 373, fol. 2-3.

Al-Iṣṭakhrīs Weltkarte ist in saubere Rechtecke und sonstige geometrische Formen unterteilt; meist entsprechen sie jenen Gebieten, die im späteren Teil des Buches in den Regionalkarten erscheinen. Hier ist Ägypten zwischen den Nil und Syrien (al-Schām) gezwängt, Syrien wiederum liegt unterhalb einer gekrümmten Arabischen Halbinsel. Die Region Mā Warā al-Nahr liegt neben dem Amu Darya, der an den herausstechenden Aralsee grenzt, den ein Kreis mit Doppellinie bezeichnet. Die Länder Nordafrikas füllen ein Rechteck zwischen Nil und Atlantik. Getrennt sind sie vom islamischen Spanien (al-Andalus), das als Kreis an der scharfen Westspitze Europas erscheint. Jenseits der Regionen der islamischen Welt führt diese Weltkarte den Betrachter durch die Lande der Ungläubigen, ohne dabei feste Grenzen zwischen dem zu ziehen, was die Juristen „Haus des Islam" und „Haus des Krieges" nannten. In Europa bezeichnen Rechtecke die Länder der Franken, der Byzantiner und der Slawen. Heidnische türkische Stammesverbände wie die Oghusen und die Petschenegen sind mit ihren Territorien in der zentralasiatischen Steppe angegeben. China liegt ganz im Osten, gegenüber den nichtmuslimischen Völkern der Zandsch in Ostafrika.

Den Zweck dieser Weltkarte erklärt al-Iṣṭakhrī im Vorwort zu seiner Abhandlung:

> Ich habe ein Bild [*ṣūrah*] der ganzen Erde gemacht, die das unzugängliche Umzingelnde Meer umgibt, so dass, wenn ein Betrachter es ansieht, er den Ort jeder Region weiß, die wir erwähnt haben, auch wie sie untereinander verbunden sind und welche Größe jede Region im Verhältnis zur ganzen Welt hat. Wenn er also jede Region im Detail betrachtet, kann er sich auf ihre Position in diesem Bild beziehen. Diese Karte, in der auch alle anderen Regionen erscheinen, ist nicht groß genug, um die Breite und Länge jeder Region festzuhalten und ihre verschiedenen Gestalten – ob rund, rechteckig oder dreieckig – wie sie in der Karte dieser Region dargestellt sind. Auf der Weltkarte gebe ich lediglich die Position jeder Region an, damit ihr Ort bekannt ist. Darauf folgen Karten, die jedem der Länder im Reich des Islam gewidmet sind und in denen ich die Gestalt der Region, ihre Städte und alles, was man über sie wissen muss, darstelle.[5]

Karte des Maghreb einschließlich des gesamten Mittelmeers aus Ibn Ḥauqals *Vom Bild der Erde*, Abschrift von 1086/ 479 A.H. Topkapı-Palastmuseum, Istanbul, MS. 3346, foll. 19a, 19b und 20a.

Wie al-Iṣṭakhrī erklärt, besteht der Zweck der Weltkarte darin, die Regionen der Welt im Verhältnis zueinander darzustellen. Er hält es für unnötig, einzelne Städte zu nennen, Berge zu zeigen oder Küstenverläufe realitätsgetreu wiederzugeben. Die Karte ist in geometrische Grundformen unterteilt, die leicht lesbar und durch Kopisten zu reproduzieren sind. Zwar zeigt sie nichtmuslimische Teile der Welt, um sie in ihren geographischen Kontext einzuordnen, aber grundsätzlich ist die Weltkarte den folgenden Regionalkarten untergeordnet. Diese decken, so al-Iṣṭakhrī, nur jene Gebiete ab, die zum Reich des Islam (*mamlakat al-islām*) zählen – eine Neuschöpfung, die erfunden wurde, um für die politisch zersplitterte, aber kulturell geeinte islamische Welt zu stehen, die sich nach dem Niedergang Bagdads entwickelte.

Al-Iṣṭakhrīs auf revolutionäre Weise abstrakte Karten wirkten nachhaltig auf die späteren Generationen von Kartographen. Besonders wichtig ist ein jüngerer Zeitgenosse al-Iṣṭakhrīs namens Ibn Ḥauqal, der ebenso Kaufmann wie Gelehrter war und hohen Wert auf eine unmittelbare Kenntnis der Länder legte, die er beschrieb.[6] Der aus Mossul im Irak stammende Ibn Ḥauqal brach 943 auf, um die westlichen Regionen der islamischen Welt zu bereisen. Sein *Kitāb Ṣūrat al-Arḍ* (*Buch vom Bild der Erde*), das stark durch al-Iṣṭakhrīs Werk beeinflusst ist, besteht ebenfalls aus zwanzig Karten muslimisch beherrschter Regionen, denen eine diagrammartige Weltkarte in Kreisform vorausgeht. Die früheste Version, die irgendwann zwischen 965 und 969 entstand, übernahm einen Großteil von al-Iṣṭakhrīs Text und Karten und aktualisierte lediglich die Kapitel zu Nordafrika und zum muslimischen Spanien. Insgesamt war Ibn Ḥauqal ein Schüler, der deutlich unter dem Einfluss von al-Iṣṭakhrīs geometrischem Design stand und ebenfalls jeden Aspekt der mathematischen Geographie aussparte.

Als sich die beiden aber begegneten, übte Ibn Ḥauqal Kritik an al-Iṣṭakhrīs Karten der westlichen islamischen Welt, die er selbst zu weiten Teilen bereist hatte. In der letzten Version seines Geographiewerks, die irgendwann nach 979 entstand, war er versucht, von der extremen Abstraktion abzurücken, die al-Iṣṭakhrīs Karten prägte. In einer wunderschönen Karte über drei Folioseiten unter dem Titel „Karte des Maghreb und von Byzanz" (siehe Abb. auf S. 57) hat sich Ibn Ḥauqal für ein leichter wiedererkennbares, stärker ausgearbeitetes, detailreicheres und nicht so schematisches Mittelmeer entschieden, in dem zahlreiche Inseln und Halbinseln erscheinen; auf Maßstab und Orientierung wird gleichermaßen geachtet. Wie der Titel der Karte schon andeutet, entschloss sich Ibn Ḥauqal außerdem, viel mehr nichtmuslimische Regionen dieser Mittelmeerwelt einzubeziehen.[7] Sowohl Italien als auch die Peloponnes sind jetzt vorhanden und leicht zu erkennen, und die nordafrikanische Küste weist zahlreiche Buchten auf. Die Mittelmeerinseln sind nicht mehr überproportional aufgebläht; zwar erscheint die Meerenge von Gibraltar in Übergröße, doch der Felsen selbst ist korrekt am Ausgang des Atlantiks platziert.

Obwohl Ibn Ḥauqals Mittelmeerkarte genauer war als die von al-Iṣṭakhrī und offenkundig auf eigener Erfahrung beruhte, hatte sein Ansatz weitaus weniger Erfolg. Die hier abgebildete Karte stammt aus einer frühen Kopie von Ibn Ḥauqals 1086 entstandener Abhandlung, aber nur wenige spätere Abschriften dieses Werks haben überlebt, und diese wenigen neigen dazu, weniger detailliert und eher schematisch zu sein. Al-Iṣṭakhrīs Karten mit ihrer streng geometrischen Anlage erwiesen sich auf lange Sicht als viel beliebter. Genauer mag Ibn Ḥauqals Karte sein, aber in seinem Streben nach mehr Präzision hat er einiges von der Schlichtheit und Zugänglichkeit der früheren Karten geopfert. Außerdem gab er den engen, exklusiven Fokus auf die islamische Welt auf, der al-Iṣṭakhrīs besonderen Ansatz prägte. Ibn Ḥauqals Bild vom Mittelmeer war schwer zu kopieren und zu dicht an Informationen, um als schnelles Nachschlagewerk für vormoderne Nutzer dienen zu können.

Al-Iṣṭakhrīs schlichtes Design dagegen sagte späteren Kartenzeichnern weiterhin zu, mochten sie auch genauere Daten über die Gestalt der Welt sammeln. Eine wunderbar scharfsichtige Momentaufnahme davon stammt aus der Feder eines anderen Geographen und Reisenden, des palästinensischen Gelehrten al-Muqaddasī, der in der zweiten Hälfte des 10. Jahrhunderts lebte. Al-Muqaddasī baute sein Werk als einen weiteren „Atlas des Islam" auf, in dem auf eine Weltkarte Gebietskarten der islamischen Länder folgten. Als er den Hafen Aden besuchte, trat er an einen der führenden Händler der Stadt heran, dessen Schiffe den ganzen Indischen Ozean bis nach Indien und Ägypten befuhren. Er bat den Händler, ihm die Umrisse des von ihm „Persisches Meer" genannten Gewässers zu beschreiben. Als Antwort schilderte der Kaufmann die Gestalt des Indischen Ozeans nicht etwa nur in Worten, sondern zeichnete auch noch mit der Hand eine Kartenskizze:

> Er strich den Sand mit seiner Handfläche glatt und zeichnete das Meer darauf. Das Meer hatte nicht die Gestalt eines Schals [*ṭaylasān*] oder eines Vogels. Er zeichnete gewundene Küstenlinien und viele Buchten, dann sprach er: „Dies ist die Gestalt dieses Meeres, es gibt keine andere Karte [*ṣūrah*].“[8]

Al-Muqaddasī fand vor sich eine detailreiche Karte des Indischen Ozeans, die der damals kundigste Mann gezeichnet hatte, und diese Karte ähnelte denen von al-Iṣṭakhrī überhaupt nicht. Die gekrümmten, gewundenen Meeresküsten waren nicht in schlichten geometrischen Formen gehalten und das Rote Meer hatte nicht die charakteristische Vogelgestalt, die auf den verschiedenen Karten al-Iṣṭakhrīs begegnet. Und doch entschied sich al-Muqaddasī dafür, so erzählt er uns weiter, in seinem eigenen Werk nicht das Bild zu verwenden, das ihm der Kaufmann gezeichnet hatte. Stattdessen gestaltete er seine eigene Karte vom Indischen Ozean bewusst einfach und gewollt naiv (*sādidsch*). Die Karte, die er vorlegte (siehe Abb. auf S. 61), lässt jeden Golf und jede Bucht weg, die der Kaufmann aus Aden ihm beschrieben hatte, und enthält nur das vogelförmige Rote Meer, das, wie er schreibt, wohlbekannt und unbestritten war.[9] Wie zuvor bei al-Iṣṭakhrī war auch bei al-Muqaddasī dieser naiv-schematische Stil eine Entscheidung, nicht ein Resultat begrenzten Wissens, und eine Methode, einer komplizierten physischen Wirklichkeit Ordnung und Lesbarkeit zu geben.

Das Zielpublikum dieser Karten, sagt Ibn Ḥauqal in seiner Einleitung, waren „Fürsten und einflussreiche Leute, die ja die einzigen sind, die sich mit dieser Art Wissen beschäftigen“.[10] Al-Muqaddasī berichtet uns, er habe Karten des Indischen Ozeans eingesehen, die er in den Schatzkammern der Emire von Bagdad und von Chorasan in Ostiran fand. Eine Version seiner Erdkunde widmete Ibn Ḥauqal dem Fürsten Saif al-Daula von Aleppo. Und doch – obwohl für den Bedarf der Elite bestimmt – waren diese Karten für den praktischen Gebrauch gedacht, nicht zur Unterhaltung oder beschaulichen Betrachtung. Die frühen mittelalterlichen Abschriften der Werke dieser drei Geographen enthalten nur wenige Zierelemente, auch vermitteln ihre Karten keine theologische Heilsbotschaft: Mekka ist in den Vordergrund gerückt, aber doch kaum der Mittelpunkt der Welt. Und während das Zielpublikum die Herrschaftselite war, sind die Informationen auf den Karten und in den beigefügten Prosatexten doch nicht in erster Linie politischer, sondern eher kultureller und ökonomischer Natur, was nahelegt, dass Ibn Ḥauqal ebenso an Gelehrte und Kaufleute wie an Männer des Schwertes gedacht hat.

Die früheste datierte der erhaltenen Abschriften der Karten al-Iṣṭakhrīs entstand Ende des 12. Jahrhunderts, ab dem 13. Jahrhundert folgten viele weitere. Inzwischen dienten sie jedoch einem anderen Zweck und sprachen ein anderes Publikum an. Die erste Übersetzung ins Persische entstand anscheinend für einen der Provinzstatthalter Dschingis Khans in Zentralasien. Al-Iṣṭakhrīs Schwerpunkt im islamischen Osten muss in diesem historischen Kontext zum Reiz der Abhandlung beigetragen haben, da die Eroberung durch die Mongolen die eigenständige Regionalidentität jener muslimischen Gebiete, die unmittelbar unter mongolische Herrschaft fielen, gestärkt hatte. Im Mittleren Osten trennte man al-Iṣṭakhrīs abstrakte Weltkarte manchmal von der ursprünglichen Abhandlung, überarbeitete sie und fügte sie in eine neue Gattung illustrierter Mirabilienwerke ein, die später in der osmanischen Welt sehr beliebt wurden. Anderen Bearbeitungen der Weltkarten gab man gelegentlich Chroniken als erläuternde Diagramme bei. Einige mittelalterliche Abschriften waren reich illustriert, hielten sich gleichwohl aber weiterhin streng an das abstrakte Design und versuchten weder Details nachzutragen noch die Namen von Orten und Stämmen zu aktualisieren. Die islamische Welt aus dem 10. Jahrhundert al-Iṣṭakhrīs wurde zeitlich eingefroren.

Nach und nach verwandelten sich al-Iṣṭakhrīs Karten in Kunstgegenstände, in kostspielige, goldverzierte Illuminationen.[11] Man kopierte sie in der östlichen islamischen Welt, wo besonders die persischen Übersetzungen beliebt waren. Heute sind die meisten der erhaltenen Manuskripte von al-Iṣṭakhrīs Werk auf Persisch geschrieben. Eine der jüngsten Abschriften, entstanden im 19. Jahrhundert in Kabul, ist verziert mit einer nackten Frauenfigur und Fischen, die der Tradition der Miniaturmalerei entnommen sind, doch die schlichten Umrisse der graphischen Gestaltung bleiben erhalten und werden noch unterstrichen.[12] Die frühneuzeitlichen Benutzer dieser Stücke schätzten al-Iṣṭakhrīs Karten wegen ihres Nostalgiewertes, stammten sie doch aus einer Epoche, die man nun als ein Goldenes Zeitalter des Islam empfand. Die Bilder waren mittlerweile gedanklich mit dem Bestand an Texten und Ideen verknüpft, die den Kanon des Islam bildeten; dies verlieh ihnen jene Aura der Unabänderlichkeit, die man juristischen und theologischen Werken zuerkannte. Hilfreich war auch, dass in der Einfachheit von al-Iṣṭakhrīs Design seine Schönheit lag.

Die Wirkungsgeschichte von al-Iṣṭakhrīs Karten ist ebenso faszinierend wie die Geschichte ihres Originalentwurfs. In den letzten Jahren hat die Kartographiehistorikerin Karen Pinto eine Gruppe von Exemplaren der Abhandlung al-Iṣṭakhrīs identifiziert, die Mehmed II., einer der größten Osmanensultane, nach seiner weltbewegenden Eroberung Konstantinopels 1453 in Auftrag gab.[13] Diese Abschriften waren Teil eines Projekts zur Islamisierung der frisch eingenommenen Hauptstadt, die rasch in Istanbul umbenannt wurde. Die Istanbuler Kopien waren schlicht und schmucklos, wie die abgebildete Weltkarte (siehe Abb. auf S. 62) zeigt. Alle sechs jedoch gingen auf ein kostbar ausgestattetes Manuskript mit Lapislazuli- und Goldtinte zurück, das Mehmed wahrscheinlich einige Jahre zuvor vom Herrscher der iranischen Stadt Täbris als Geschenk erhalten hatte.

Karte des Indischen Ozeans aus al-Muqaddasīs *Die beste Aufteilung zur Kenntnis der Länder*, Abschrift von 1494. Die Karte ist grob nach Westen ausgerichtet, oben liegt das Rote Meer. © bpk Bildagentur / Staatsbibliothek Berlin, Orientabteilung, MS. Sprenger 5 (Ar. 6034), fol. 4.

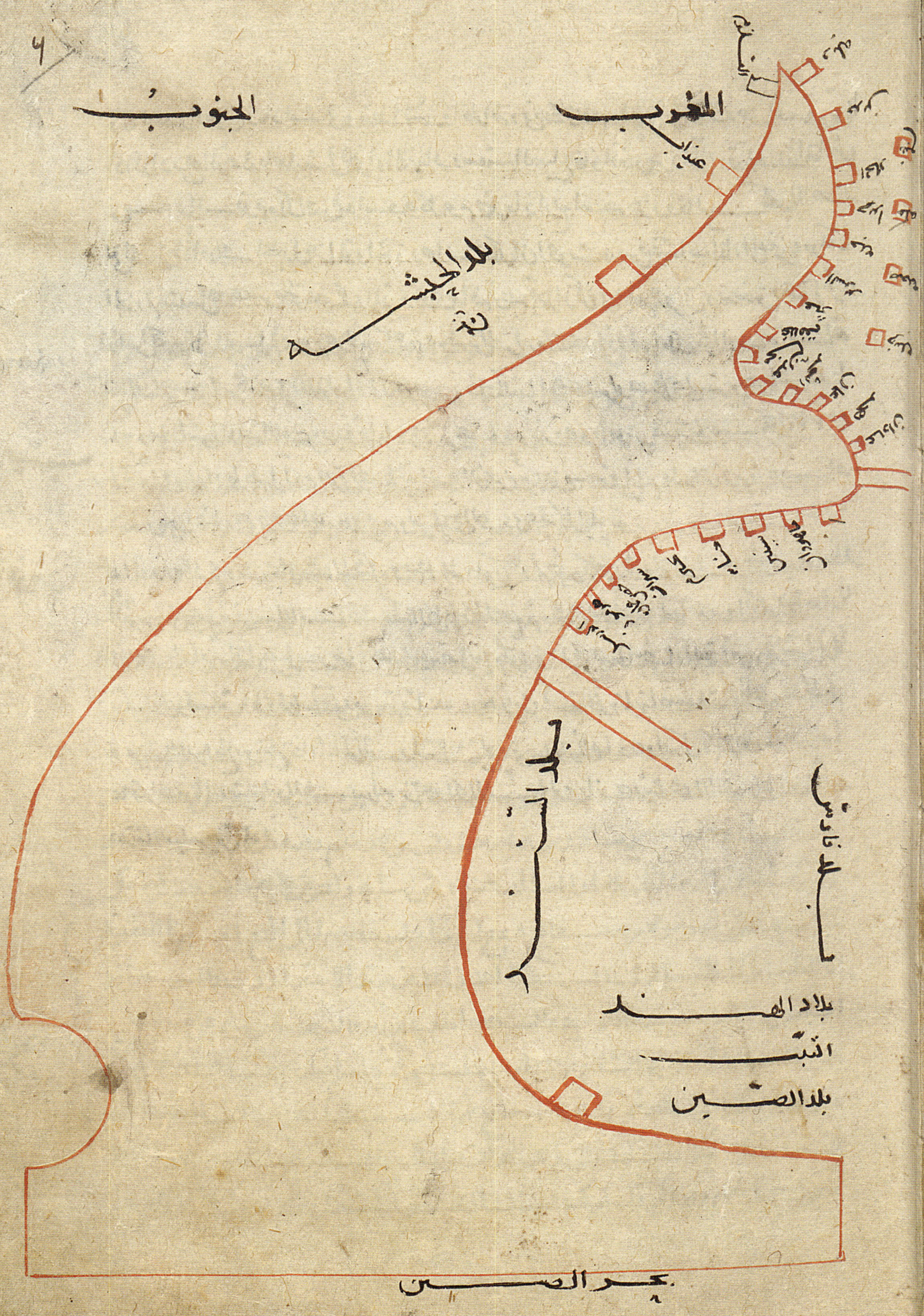

6

الجنوب

المغرب

بلاد الحبشة

بلاد السند

بلاد فارس

بلاد الهند

التبت

بلاد الصين

بحر الصين

صورة الكل

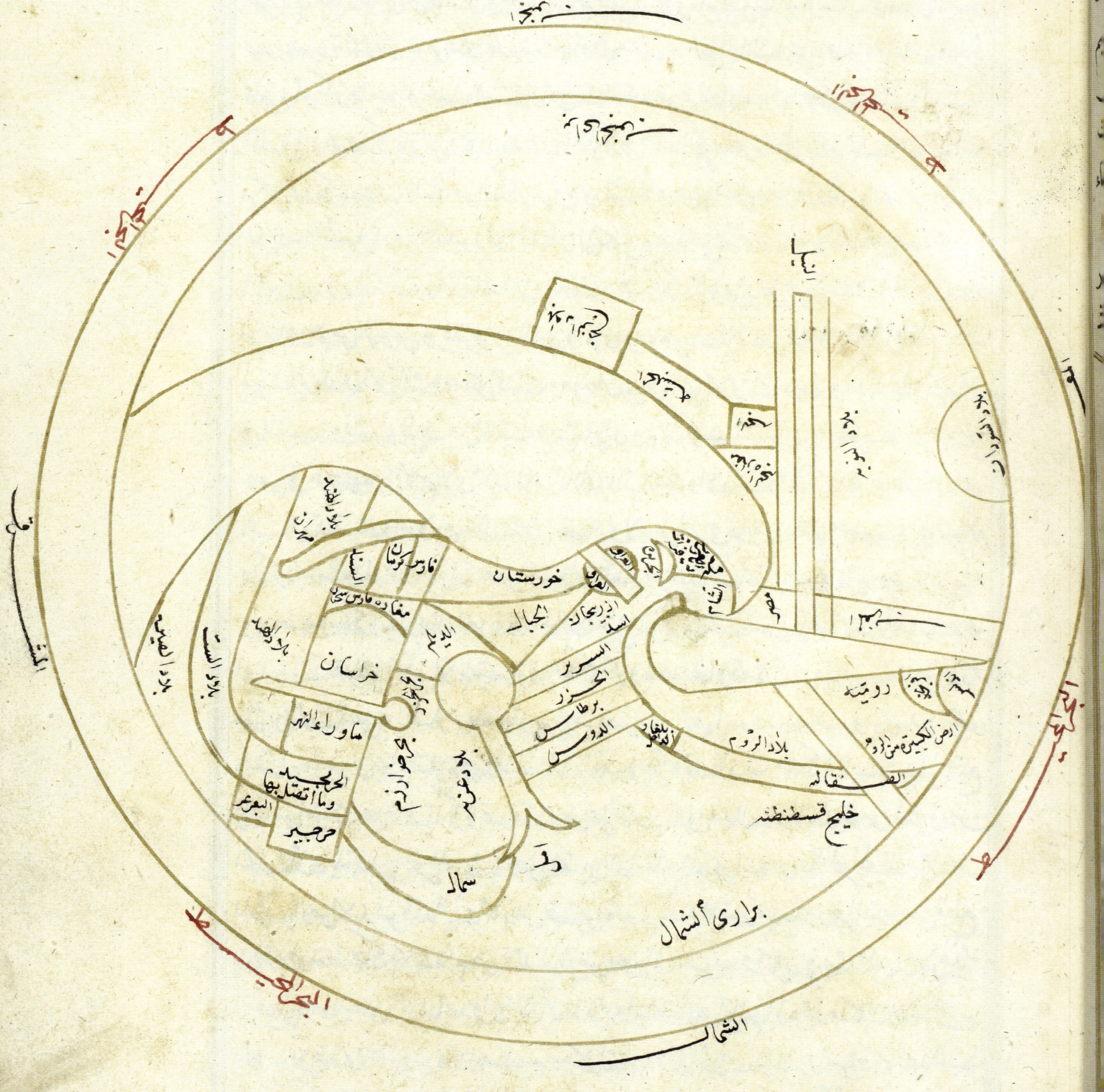

خورستان
الجبال
فارس كرمان
مفازة فارس
الديلم
خراسان
بلاد الهند
بلاد السند
بلاد الصين
ما وراء النهر
خوارزم
الجرجيه وما اتصل بها
خرجير
اذربيجان
السرير
الخزر
برطاس
الروس
بلاد الروم
الصقالبة
خليج قسطنطنية
رومية
براري الشمال
سمال
الشمال
البحر المحيط

Karte der Welt aus al-Iṣṭakhrīs *Buch der Wege und Reiche*, Istanbuler Abschrift 1523 von einem älteren Manuskript des Jahres 1473. Süden ist oben. Or. 5305, fol. 3a.

Die Entscheidung des Sultans zur Vervielfältigung von al-Iṣṭakhrīs Karten wirkt eigenwillig. Von Mehmed, dessen Bild der Nachwelt durch ein berühmtes Porträt des venezianischen Malers Giovanni Bellini erhalten ist, ist bekannt, dass er sich für europäische Karten interessierte, die er zur Planung seiner Feldzüge in Europa nutzte. Außerdem wissen wir, dass er eine der frühen ptolemäischen Weltkarten besaß und studierte, die in der ersten Hälfte des 15. Jahrhunderts in Byzanz entstanden waren – Karten, die sich auf die mathematische Geographie verließen und sich der physischen Wirklichkeit stärker annäherten. Da Mehmed in seiner neuen Hauptstadt residierte, wusste er, dass es falsch war, wenn al-Iṣṭakhrīs Weltkarte das Schwarze Meer so zeigte, als schneide es Europa von Asien ab und sei mit dem Umzingelnden Meer verbunden. Außerdem war seine eigene Osmanendynastie auf der Karte nicht verzeichnet, wo das nunmehr verschwundene Byzantinische Reich dagegen deutlich sichtbar blieb.[14]

Letztendlich entschied sich Sultan Mehmed dafür, al-Iṣṭakhrīs Satz archaischer, schematischer Karten zu bestellen, die die Welt so zeigten, wie sie sechs Jahrhunderte zuvor gewesen war, weil diese Karten einen Symbolwert besaßen. Sie stellten eine bildliche Wiedergabe der Verbindung zu den islamischen Traditionen und der islamischen Geschichte dar, die sich in gewissem Maß mit dem Kopieren der Bücher aus den prophetischen Traditionen des Islam vergleichen ließ. Diese traditionellen Karten waren für den Gebrauch der Öffentlichkeit gedacht, für die Nutzung durch religiöse Gelehrte, anders als die europäischen Karten, die zur privaten und höfischen Nutzung bestimmt waren. Mehmed befahl, die sechs bewusst schlichten, schmucklosen Abschriften von al-Iṣṭakhrīs Werk in den Bibliotheken der neuen Medresen (religiösen Lehranstalten) aufzubewahren, die er in Istanbul stiftete. Ende des 15. Jahrhunderts bestand der Wert von al-Iṣṭakhrīs Karten nicht mehr in ihrer tatsächlichen Wiedergabe der Welt, sondern darin, dass sie romantisch aufgeladene Erinnerungsstücke an die islamische Vergangenheit waren.

Kapitel 3

Das geheimnisvolle *Buch der Merkwürdigkeiten*

Am 10. Oktober 2000 wurde eine ziemlich vergammelte Handschrift in einem schlecht passenden Einband beim Londoner Auktionshaus Christie's versteigert. Sie enthielt die mittelalterliche arabische Abhandlung eines ungenannten Autors über Himmel und Erde, der eine Reihe merkwürdiger Bilder und Karten beigegeben war, die in keinem anderen mittelalterlichen Werk ihresgleichen finden. Diese Schrift, deren arabischer Titel *Kitāb Gharā'ib al-funūn wa-mulah al-'uyūn* übersetzt *Buch der Merkwürdigkeiten der Wissenschaften und der Wunder für die Augen* (im Folgenden kurz: *Buch der Merkwürdigkeiten*) heißt, erwies sich für die Kartographiegeschichte bald als eine der wichtigsten Entdeckungen der letzten Jahrzehnte. Das vor der Auktion in Wissenschaftskreisen praktisch unbekannte Werk hat seitdem unser Verständnis der Entstehung islamischer Karten verändert.

Eines der größten Bilder des Manuskripts zeigt die sonderbare Karte einer ovalen Insel (siehe Abb. auf nebenstehender Seite) mit dem Titel „Zwölftes Kapitel: Eine kurze Beschreibung der größten Insel in diesen Meeren". An dieser Karte war eindeutig alles ungewöhnlich. Ihr Gegenstand schien eine einzelne Insel zu sein, kein gängiges Thema im damals bekannten Corpus der islamischen Karten. Innerhalb der Insel zoomt die Karte offensichtlich auf eine einzelne runde Stadt und zeigt deren Mauern und Tore. Außerdem erscheinen am oberen Rand der Karte markante Zwillingstürme und rechts neben den Mauern ein Bauwerk mit einer zwiebelförmigen Kuppel, ein Versuch, die typischen Architekturmerkmale einer mittelalterlichen islamischen Stadt ins Bild zu setzen.

Die Beschriftung ist zwar stark korrumpiert, aber ein Team aus Oxforder Gelehrten begann, einen Schriftzug nach dem anderen zu entziffern. Das Gebäude mit der Zwiebelkuppel heißt demnach „Palast des Sultans". An den Zwillingstürmen steht jeweils „Turm der Kette". Der Berg mit der roten Spitze unten links trägt die Beschriftung „Berg Tilla" (جبل التلة), doch das muss ein Schreiberfehler für „Berg des Feuers", also einen Vulkan, sein. Unter den Toren in den Mauern wird das dem Meer am nächsten gelegene als „Seetor" bezeichnet, während ein weiteres namens „Shaghāth-Tor" sich im linken Teil der Mauern befindet. Das Team aus Oxford entschied, dass es sich um das Sankt-Agatha-Tor handeln müsse, das heute immer noch in der Altstadt von Palermo steht. Von da an war der Rest nicht mehr schwer. Der Vulkan ist der Ätna, die genannten „Meere" sind das Mittelmeer und die „größte Insel in diesen Meeren" ist zweifellos Sizilien.[1]

Diese Abbildung Siziliens überrascht uns gleich in mehrfacher Hinsicht. Die meisten heutigen Betrachter verbinden Sizilien nicht auf Anhieb mit der Welt des Islam. Dennoch bildete Sizilien bis zu seiner Eroberung durch die Normannen 1068 ein wichtiges muslimisches Bollwerk, einen strategischen Vorposten im zentralen Mittelmeer. Selbst ein Jahrtausend später zeigt sich noch der islamische Einfluss an vielen Ortsnamen auf der Insel und

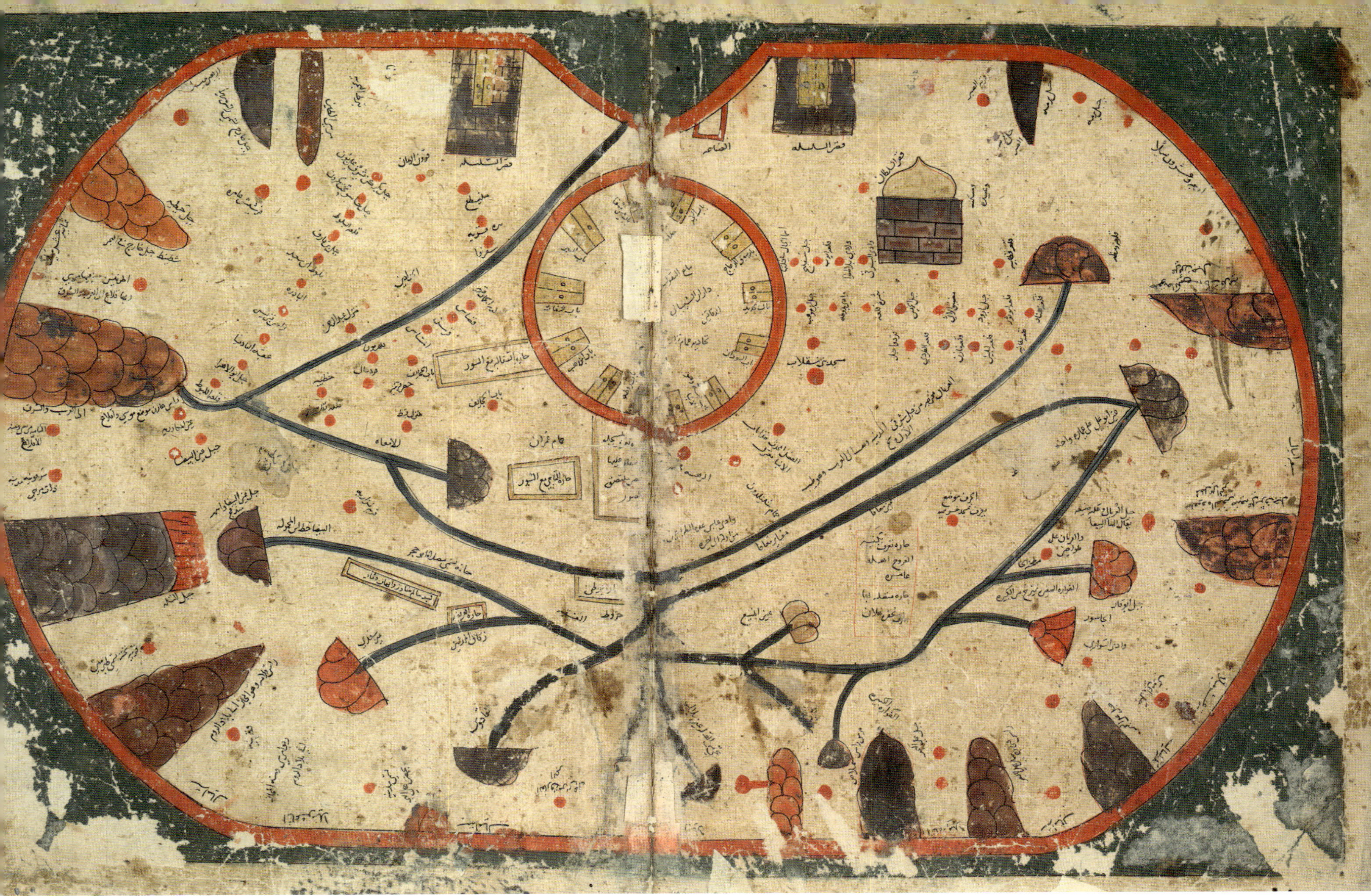

Karte Siziliens aus dem im 11. Jahrhundert entstandenen *Buch der Merkwürdigkeiten*, Abschrift um 1200. Bodleian Library, University of Oxford, MS. Arab c. 90, foll. 32b–33a.

sogar im sizilianischen Dialekt. Ebenso überrascht uns die ovale Inselform. Siziliens Dreiecksgestalt ist so einprägsam, dass wir annehmen, jede bildliche Darstellung müsse diese vertraute Form zeigen. Der Kartograph hat sich dagegen entschieden. Wie vor ihm schon al-Iṣṭakhrī war auch er für geometrische Abstraktion statt tatsächlicher Küstenverläufe.

Eine weitere Merkwürdigkeit dieser Karte besteht darin, dass die Mauern von Palermo, die Türme und der Palast unmäßig vergrößert und ohne Rücksicht auf den Maßstab erscheinen, so wie Manhattan sich auf berühmten New-York-Karten für Touristen in den Vordergrund schiebt. Wir erwarten Sizilien zu sehen, tatsächlich aber zoomen wir seine Hauptstadt heran. Die V-förmige Kerbe am oberen Kartenrand steht für den Hafen von Palermo, den auf beiden Seiten Türme flankieren, zwischen denen eine Kette gespannt werden konnte, um die Einfahrt zu sperren. Die rote kastenförmige Umrahmung rechts am Hafen ist das Arsenal – das deutsche Wort leitet sich vom arabischen *dār al-ṣināʿa* ab, dem Ort, wo Galeeren gebaut wurden. Der Kuppelbau oben rechts, genannt „Palast des Herrschers" (*qaṣr al-sulṭān*), steht für den Palastkomplex al-Khāliṣah, der 937 errichtet wurde, um die Herrscherdynastie aufzunehmen. Heute heißt dieser Teil der Altstadt von Palermo La Kalsa.

Optisch wird das Stadtgebiet Palermos von den kreisrunden Mauern mit elf Toren beherrscht. In einem der Karte vorangestellten Text lässt uns der Autor wissen, dass Palermo ursprünglich Quadratform gehabt habe, jedoch zu einer Kreisform gewachsen sei, und so stellt er die Stadt auch auf der Karte dar. Innerhalb der Mauern finden sich vier Beschriftungen, zu denen kein Bildsymbol gehört. Zwei der Aufschriften beziehen sich auf innerstädtische Märkte, nämlich den der Kräuterverkäufer und den der Mehlhändler. Die beiden anderen sind rätselhafte Verweise auf das „Haus des Ibn al-Shaibānī" und auf die „Bäder des Nizār'".

Außerdem gibt es acht Vorstadtviertel, die durch rechteckige Rahmen mit schmalen gelben Einfassungen wiedergegeben sind. Die dünne Ausführung dieser gelben Linien ist eine bildliche Erinnerung daran, dass diese Viertel nicht so gut geschützt sind wie die Innenstadt. Zwei angrenzende Viertel unten rechts („Viertel der Kirche der Freudigen" und „Viertel des Ghullān-Grabens") sind lediglich als Kästen mit einfacher Umrandung wiedergegeben, was eine noch geringere Wehrhaftigkeit andeuten könnte oder vielleicht nur ein Versehen des Kopisten darstellt. Die drei Vorstadtviertel, die der Innenstadt am nächsten liegen, sind das „Slawenviertel" links, das „Viertel der Moschee des Ibn Siqlāb" und das „Viertel des Tādschī". Zu jedem dieser Viertel erwähnt die Beschriftung ausdrücklich, dass sie von Mauern umgeben sind.

Abgesehen von Palermo bildet Sizilien bloß den Hintergrund. Die im Binnenland gezeigten Berge sind lediglich die Gipfel rund um das Becken der Conca d'Oro, in dem Palermo liegt, und auch alle Flüsse und Städte, die landeinwärts gezeigt sind, finden sich in unmittelbarer Umgebung der Hauptstadt. Nur entlang der Küste treffen wir auf die Namenszüge anderer sizilianischer Häfen wie Syrakus. Außerdem geben die Beschriftungen die Abstände in Meilen zwischen den verschiedenen Häfen an, die zwar in korrekter Reihenfolge, aber nicht in der richtigen Lage gezeigt sind (diese Karte ist alles in allem nach Norden ausgerichtet). Entlang der Küste begegnet uns eine Reihe isolierter Gipfel, während der Vulkan Ätna auf der Karte unten links erscheint, also im Südwesten der Insel, und damit aus seiner korrekten Lage gerückt ist.

Wer hat diese Karte gezeichnet? Der Autor ist nirgendwo in der Abhandlung genannt, bekundet aber mehrmals seine Treue zu den Kalifen der Fatimidendynastie. Die Fatimiden waren ein Herrschergeschlecht der ismailitischen Schia, das sich im frühen 10. Jahrhundert an der Küste des heutigen Tunesien etablierte. Später, im Jahr 969, eroberten sie Ägypten von ihren Erzfeinden, den sunnitischen Abbasiden, und gründeten dort Kairo als neue Hauptstadt. Kraft ihres Anspruchs, von Fāṭima, der Tochter des Propheten, und von seinem Cousin ʿAlī abzustammen, sahen sich die fatimidischen Kalifen-Imame als rechtmäßige Anführer aller Muslime und als Führer zur Erlösung. Um das göttliche Heilsversprechen einlösen zu können, stützten sich die Fatimiden auf ein Untergrundnetz aus Missionaren, *daʿwah* genannt, das im mittleren 9. Jahrhundert entstanden war. Die Missionarsausbildung wurde eine Sache des Hauses des Wissens (Dār al-ʿilm), einer Gründung des Kalifen al-Ḥākim aus dem Jahr 1005, die zum Sammelpunkt enzyklopädischer Bildung für Missionare wie für Nicht-Ismailiten wurde. Durch die Förderung der Kalifen und das Missionarsnetz lockte das fatimidische Kairo einige der einflussreichsten Wissenschaftler, Philosophen und Dichter der islamischen Welt im 11. Jahrhundert an.

Einen wichtigen Hinweis für die Datierung der Abhandlung gibt die Sizilienkarte selbst. Sie zeigt und beschreibt Sizilien als Insel unter muslimischer Herrschaft, als Brückenkopf vor dem italienischen Festland, das die Feinde des Islam besetzt halten. Demnach muss die Abhandlung vor der Normanneninvasion 1068 geschrieben sein. Damit ist diese Sizilienkarte die älteste der Insel überhaupt, die bis zum heutigen Tag erhalten geblieben ist. Außerdem richtet der Autor Flüche gegen rebellische Gruppierungen und Stammesverbände, die in Nordafrika und Ägypten die Fatimiden zu stürzen suchten. Die Chronologie dieser Aufstände erlaubt es uns, die Abfassung des Werkes auf die Zeit zwischen 1020 und 1050 einzugrenzen, gut 50 bis 80 Jahre nach der fatimidischen Eroberung Ägyptens.

Die Entdeckung der Abhandlung war etwas so Einmaliges, dass man sichergehen musste, dass es sich nicht um eine Fälschung handelte. Experten in aller Welt untersuchten das Manuskript genau und fahndeten nach industriell gefertigten Farbstoffen oder Materialien, die auf eine moderne Herkunft hätten deuten können. Man fand nichts. Vielmehr sind die Papierart, die verwendete Tinte und die Handschrift sehr typisch für ägyptische und syrische Manuskripte des 12. und 13. Jahrhunderts. Damit dürfte die Karte eine um das Jahr 1200 entstandene Kopie des gut 150 Jahre älteren Werkes eines fatimidischen Autors aus der ersten Hälfte des 11. Jahrhunderts sein. Inzwischen ist deutlich, dass das Manuskript ein unersetzliches Zeugnis für eine ansonsten in Vergessenheit geratene islamische Weltsicht des Mittelalters darstellt. Nach einer langen Spendenkampagne, die sicherstellen sollte, dass es der Öffentlichkeit zugänglich wurde, kaufte die Bodleian Library 2002 das nun so getaufte *Book of Curiosities (Buch der Merkwürdigkeiten)* und brachte ein Projekt zur Erforschung und Erschließung des Textes auf den Weg, das bis heute andauert.

Die Logik des Wassers

Die Struktur des *Buches der Merkwürdigkeiten* weicht von jeder früheren Tradition ab, sei sie islamisch oder nicht, und verrät einen einzigartigen, genialen Umgang mit dem geographischen Material. Zunächst bettete der Autor seine Darstellung der irdischen Geographie in

من الافق كثير اليبس لان الشمس اذا طلعت فيه نشفت البله وحمت وبددت الرطوبه رطوبه الليل
وادهبتها والريح التي تهب من هذه الجهه تسمى الصبا وهي يا...

وذكر الفرغاني في كتاب الفصول ان ساحه كل قطر من الفلك الاعظم الف الف ومايه الف ومايه وتسعون ميلا

٥

جميع ما في الصور الشماليه [illegible]شرون كوكبا وثمانيه واربعون كوكب والتي في الصور الجنوبيه وعدتها خمسه عشر صوره ثلثمايه احدى وعشرون كوكبا ومقسومه هذه الكواكب في العظم فمنها في الشرق
الاول ... وفي الثاني مه وفي الثالث ج وفي الرابع لعه وفي الخامس رز وفي السادس رط والباقي الاتمام ه ومظلمه كا ع

eine kosmologische Einleitung ein und beschloss, gar nicht mit der Erde anzufangen. Die ersten zehn Kapitel der Abhandlung widmen sich den Himmelssphären und ihrem Einfluss auf die Erde, begleitet von erläuternden Diagrammen und Zeichnungen. Vom äußersten Rand des Universums arbeitet sich der Autor systematisch durch die verschiedenen Schichten der Himmelserscheinungen wie Sterne und Kometen vor, bis er schließlich im letzten Kapitel die Erde erreicht, wo Erdbeben und Winde für die Überschneidung himmlischer und irdischer Ereignisse stehen.

Das erste Bild eines dieser Kapitel ist ein großes kreisförmiges Diagramm der Himmelssphären, das eine Doppelseite füllt. Es trägt den Titel „Darstellung der umfassenden Sphäre und der Art, wie sie alles Bestehende und dessen Ausdehnung einschließt" (vorausgehende Doppelseite). In diesem Diagramm spiegelt sich das vorherrschende geozentrische Weltbild vom Universum, ein Erbe der Antike. Die Erde mit ihren sieben Klimata oder Zonen der bewohnten Welt steht im Mittelpunkt des Diagramms und in der Mitte des Universums. Die zwölf Tierkreiszeichen rund um den äußersten Kreis sind gegen den Uhrzeigersinn aufgeführt, oben angefangen mit dem Widder. Der nächstinnere Ring enthält die Namen von 36 klassischen Sternbildern – 21 am Nordhimmel und 15 am Südhimmel –, jeweils dargestellt als ein Muster aus Punkten, die für die einzelnen Sterne stehen. In den beiden weiter innen gelegenen Ringen erscheinen die Namen der 28 Sterngruppen, die die vorislamische arabische Überlieferung als „Mondhäuser" bezeichnet, weil jede dieser Sterngruppen in der Nähe des Mondes während einer seiner 28 Phasen stand. Das Diagramm ist nicht etwa eine Karte des Sternenhimmels, wie er im 11. Jahrhundert erschien, sondern vielmehr eine abstrakte Karte der Tierkreiszeichen samt ihrem ungefähren Verhältnis zu den klassisch-griechischen Sternbildern sowie der kleineren Sterngruppen, die man traditionell zur Zeitmessung verwendete.

Der zweite Abschnitt des Textes widmet sich der Erde, und hier finden wir eine faszinierende Reihe von Karten, darunter die von Sizilien. Der anonyme Autor eröffnet diesen Abschnitt zur Erde mit einer rechteckigen Weltkarte, die sich aus der Spätantike herleitet (und in Kapitel 1 behandelt ist). Anschließend bringt er Karten der drei ihm bekannten großen Meere – des Mittelmeers, des Indischen Ozeans und des Kaspischen Meers. Darauf folgen die Karten von Inseln und Halbinseln (allesamt im Mittelmeer), von Buchten (in der Ägäis) und etwa eines Dutzends verschiedener Salz- und Süßwasserseen der Welt. Die letzten Karten gelten schließlich den fünf Strömen, die der Autor kannte: dem Nil, dem Euphrat, dem Tigris, dem Oxos und dem Indus.

Wasser und Wasserwege sind im *Buch der Merkwürdigkeiten* die Leitprinzipien. Während uns al-Iṣṭakhrī miteinander verbundene Regionalkarten der muslimischen Welt zeigt, erscheint

Vorausgehende Doppelseite: Kreisförmiges Diagramm der Himmelssphären mit dem Titel „Darstellung der umfassenden Sphäre und der Art, wie sie alles Bestehende und dessen Ausdehnung einschließt" aus dem *Buch der Merkwürdigkeiten*, Abschrift ca. 1200. Bodleian Library, University of Oxford, MS. Arab c. 90, foll. 2b–3a.

Folgende Doppelseite: Karte des Mittelmeers aus dem *Buch der Merkwürdigkeiten*, Abschrift ca. 1200. Bodleian Library, University of Oxford, MS. Arab c. 90, foll. 30b–31a.

die Welt dem anonymen fatimidischen Autor als eine Abfolge überfließender Meere, Seen und Flüsse. Im Grunde ist die Logik des *Buches der Merkwürdigkeiten* eine Logik des Wassers. Die Wasserstraßen geben den Schwerpunkt jeder Karte vor und grenzen ihn ein. Wenn al-Iṣṭakhrīs Karten buchstäblich den Ländern des Islam gewidmet sind, so befinden wir uns auf den Karten des *Buches der Merkwürdigeiten* nie weit vom Meer.

Dieser Akzent auf dem Meer ist besonders markant im Fall der Mittelmeerkarte (siehe Abb. auf S. 74–75), die ein vollkommenes Oval zeigt. Jeder Versuch, den tatsächlichen Küstenverlauf darzustellen, fehlt – sogar für die Iberische Halbinsel. Wie bei al-Iṣṭakhrīs Darstellung des Mittelmeers ist die Form vollständig abstrakt. Anders als bei al-Iṣṭakhrī gilt das Hauptinteresse des fatimidischen Autors jedoch dem Meer, nicht dem Land. Die Mittelmeerkarte im *Buch der Merkwürdigkeiten* ist eine Abbildung des maritimen Raums. Ihr Schwerpunkt liegt auf der Küste und blendet alle Landschaftsmerkmale des Binnenlands aus. In diesem Mittelmeer gibt es nichts außer Inseln und Ankerplätzen: im dunkelgrünen Meer liegen 118 Inseln, entlang seines Randes 121 Häfen und sichere Anlaufstellen. Das Oval ist offenbar nach Norden orientiert. Ganz links liegt die Straße von Gibraltar, markiert durch eine schmale rote Linie. Häfen und Ankerplätze Westeuropas und Anatoliens befinden sich in der oberen Hälfte, die in Palästina, Ägypten und Nordafrika liegen unten.

Ungeachtet der extremen Abstraktion des Küstenverlaufs haben wir es eigentlich mit einem Mittelmeer aus der Seefahrerperspektive zu tun. Die Beschriftung für jeden Hafen bietet einmalige Informationen zu seinem Aufnahmevermögen, seiner Befestigung und der Verfügbarkeit von Süßwasser. Für eine Vielzahl von Häfen und Reeden ist angegeben, ob sie vor den vorherrschenden Winden geschützt sind, wobei zu Navigationszwecken die griechischen Windbezeichnungen verwendet werden. Einige der besten Reeden, etwa Tyros und Caesarea, bieten, wie es heißt, Schutz vor jedem Wind. Außerdem finden sich Entfernungsangaben für die Fahrt auf offener See, gemessen in Reisetagen und -nächten. Bei den Inseln im Inneren des Ovals steht ihre Position in keiner Beziehung zur Abfolge der Häfen am Rand. Fast alle Inseln in der Kartenmitte erscheinen lediglich mit ihrem Namen und als kleine Kreise gleicher Größe. Nur Sizilien und Zypern, wiedergegeben als Rechtecke, haben längere Beschriftungen, die einem Teil des Materials in den Einzelkarten dieser beiden Inseln auf den folgenden Folioseiten entsprechen (siehe Abb. auf S. 76).

Die maritime Logik des *Buches der Merkwürdigkeiten* entspricht unmittelbar den politischen Interessen und der Orientierung des Fatimidenkalifats als Mittelmeermacht. Stärker als ältere islamische Reiche verließen sich die Fatimiden auf Seemacht und Seehandel zur Erreichung ihrer politischen und religiösen Ziele. Die Eroberung Ägyptens 969 gelang ihnen durch einen kombinierten Angriff zu Wasser und zu Land, indem Galeeren über die Häfen

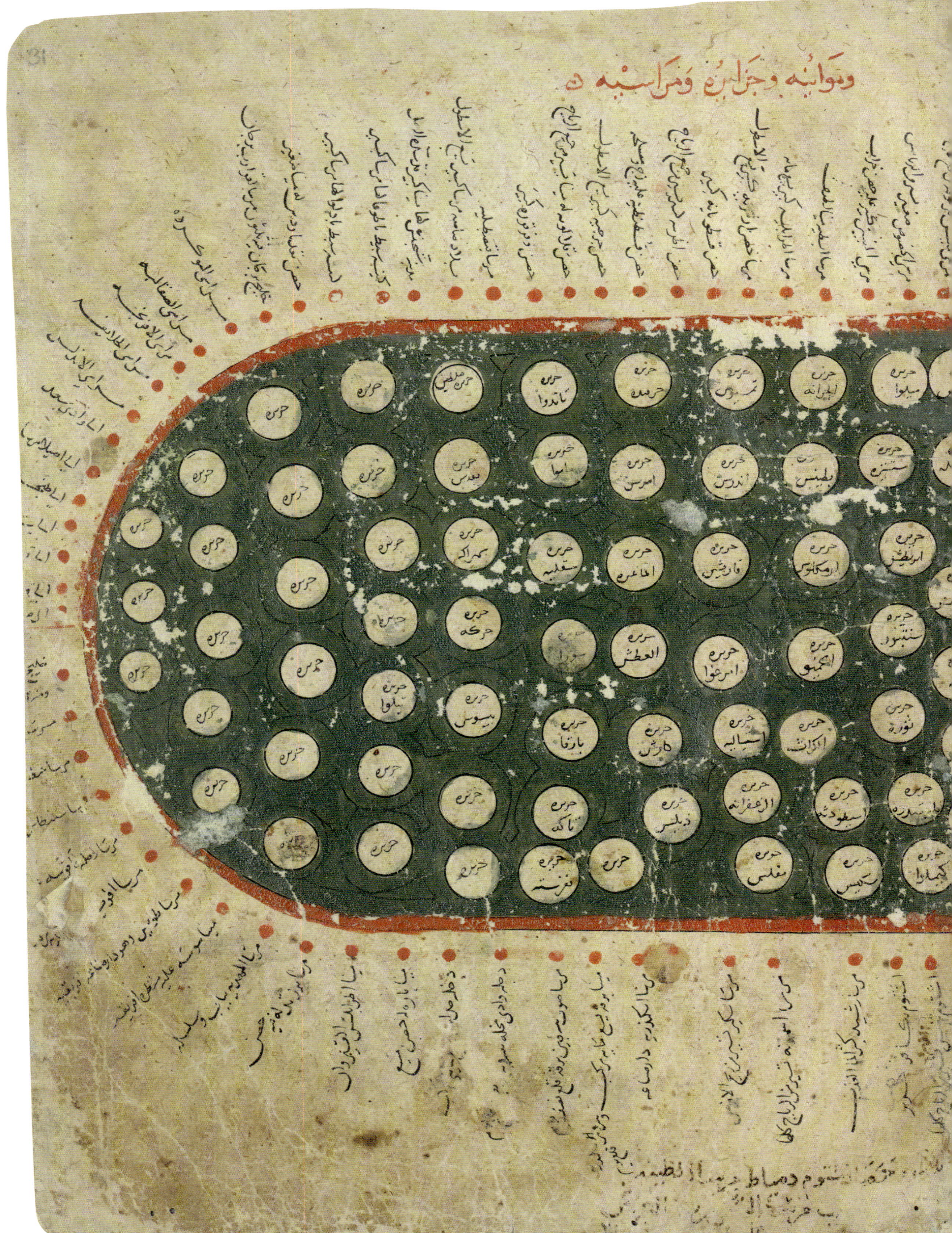
ومواني‍ه وجزايره ومراسيه

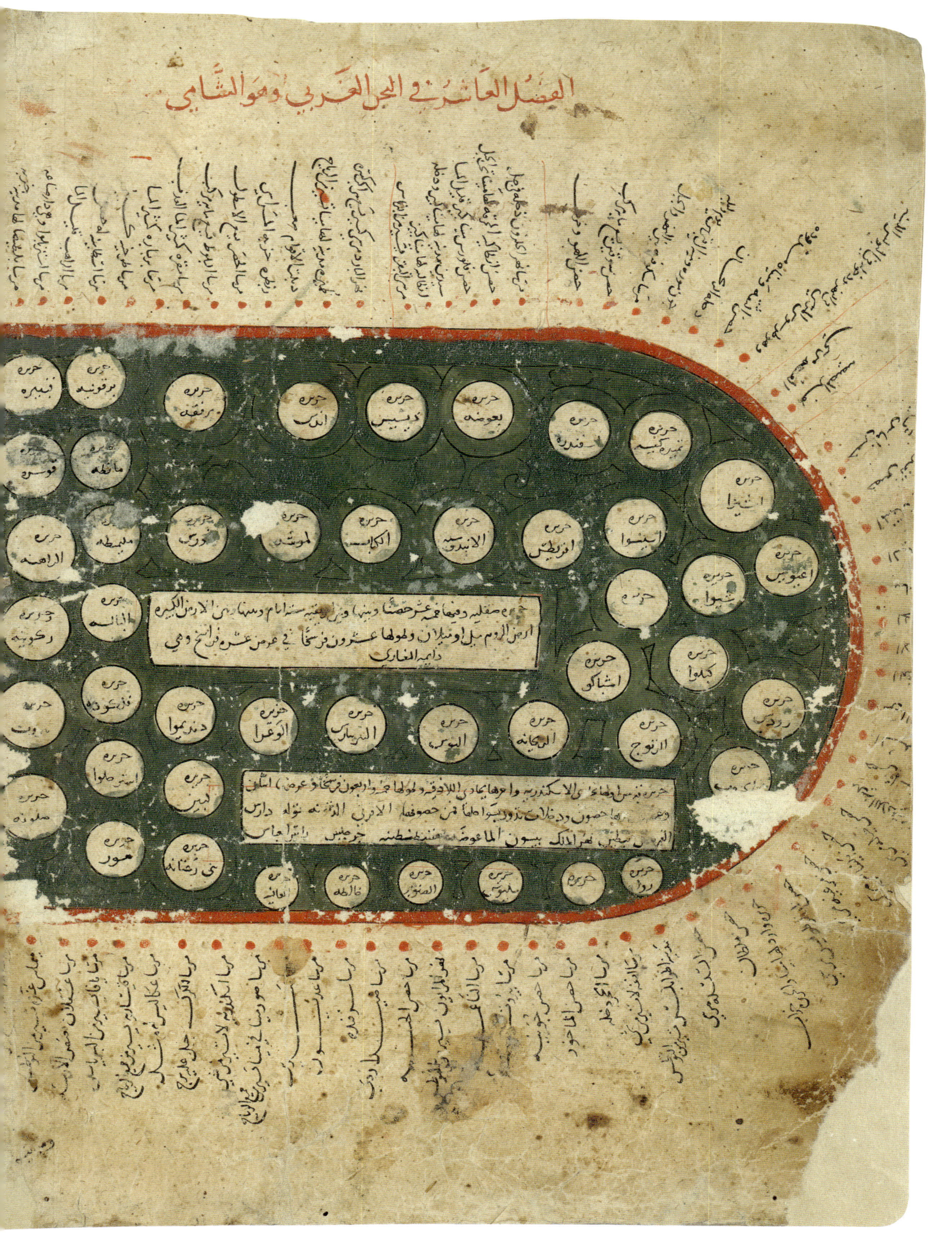
الفصل العاشر في البحر الغربي وهو الشامي

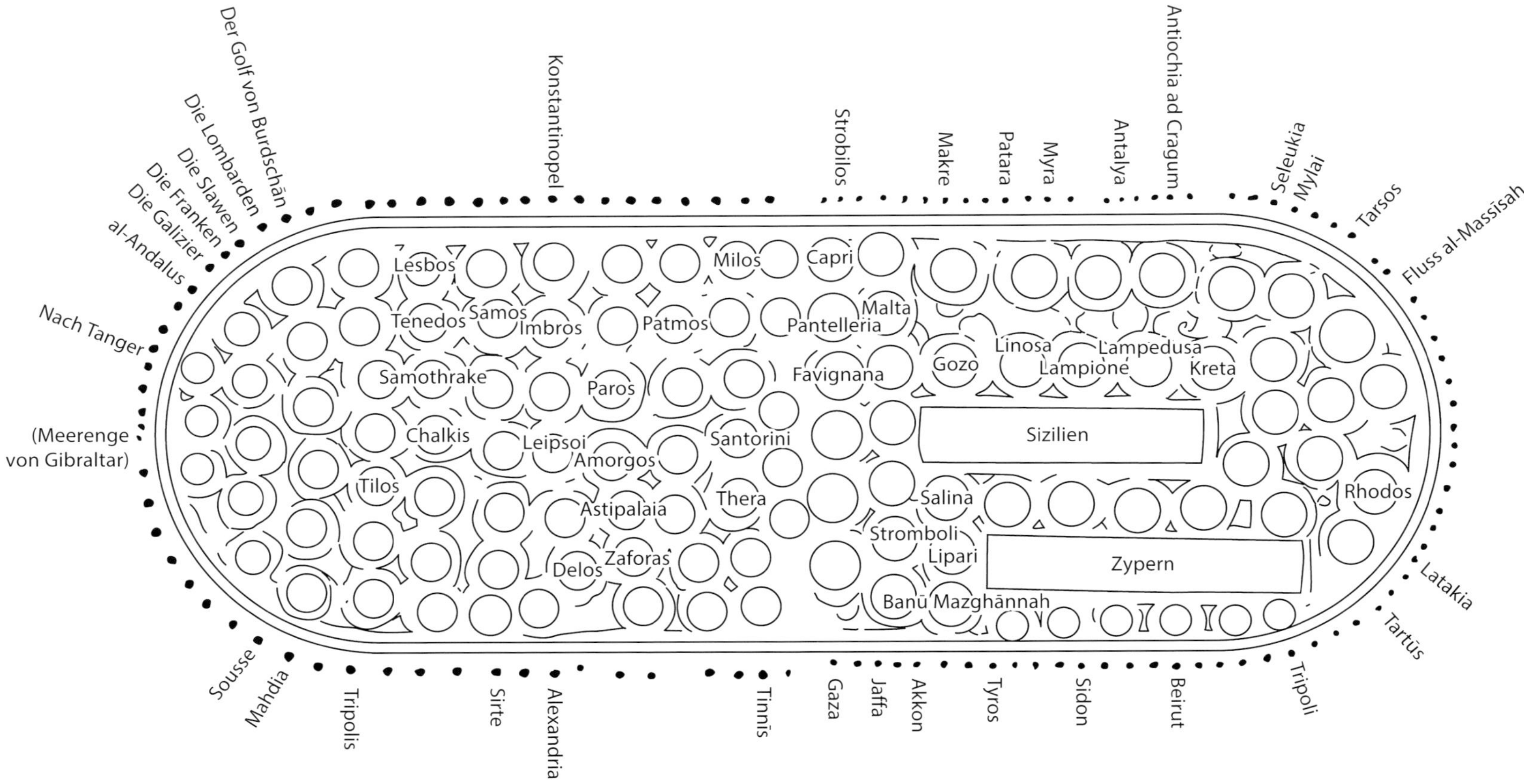

Erläuterndes Diagramm zur Mittelmeerkarte im *Buch der Merkwürdigkeiten*, Abschrift ca. 1200.

Tinnīs und Damiette in die Ost-und Westarme des Nildeltas einfuhren und anschließend den Nil hinaufsegelten. 996 begann eine ausgedehnte Kampagne zur See gegen Byzanz, und ein Galeerengeschwader schlug 998 eine Rebellion in Akkon nieder. Die Regelmäßigkeit, mit der die Fatimiden trotz gelegentlicher Katastrophen und Holzknappheit Flotten an die syrisch-palästinische Küste entsandten, zeigt ihre Entschlossenheit, eine Militärpräsenz im Mittelmeer aufrechtzuerhalten.

Eines ihrer Hauptziele war die strategisch wichtige Insel Zypern. Das *Buch der Merkwürdigkeiten* enthält ein bemerkenswertes Diagramm Zyperns, das gleichzeitig die früheste bekannte Detailkarte der Insel überhaupt ist (siehe Abb. auf S. 78). Diese Zypernkarte ist Teil eines Kapitels über die „Inseln der Ungläubigen“, das sich verschiedenen Inseln des Mittelmeers und Indischen Ozeans unter Kontrolle von Nichtmuslimen widmet. Dazu gehörte Zypern, das sich muslimische und christliche Truppen lange teilten, bis es 965 dann vollständig unter byzantinische Kontrolle fiel. Die Insel erscheint als Quadrat, das auf allen vier Seiten von einem Streifen grün gefärbten Meeres umgeben ist. 25 Zellen entlang den Rändern oder „Küsten“ sollen für Ankerplätze oder Häfen stehen, obwohl mehrere leer gelassen worden sind. Neun zusätzliche Reeden oder Häfen sind als Streifen aus neun Zellen in der Mitte des Quadrats wiedergegeben, der den Titel trägt: „Namen des Rests seiner Häfen“. Es besteht kaum ein Zweifel, dass der Kartenzeichner sich gezwungen sah, diese Häfen wegen Platzmangels an den Rändern des Quadrats in dessen Mitte anzuordnen.

Trotz der eigenartigen Disposition erscheinen die Häfen Zyperns grob in der richtigen Reihenfolge. Die Häfen der Nordküste stehen im mittleren Streifen, angefangen links mit der nordwestlichen Halbinsel Akamas, die als „Anfang der Insel“ bezeichnet ist. Die Reihenfolge setzt sich durch den Mittelstreifen fort, bis sie die Reede von Akraia erreicht, die sich am Kap Apostolos Andreas an der Nordostspitze Zyperns befindet. Anschließend läuft die Liste gegen den Uhrzeigersinn rund um die vier Seiten des Rechtecks, die für Häfen an der Ost-, Süd- und Westküste stehen. Sie endet unten rechts mit Paphos an der Ostküste.

Die Art der Informationen, die für jeden Hafen und Ankerplatz Zyperns geboten werden, ähnelt sehr stark denen auf der Mittelmeerkarte, doch sind sie häufig ausführlicher. Insbesondere ist systematisch der Schutz vor den vorherrschenden Winden festgehalten. Als Winde genannt werden der Boreas (Nord), Notos (Süd) und Euros (Ost oder Südost) sowie ein Wind namens „der fränkische", *al-Ifrandschī*. Fassungsvermögen, Wasservorräte und wichtige Orientierungspunkte erscheinen auch hier häufig. Die Häfen Paphos und Dschurdschis (wahrscheinlich Hagios Georgios, ein Kloster östlich des heutigen Limassol an der Südküste) sollen je 150 Schiffe aufnehmen können. Reiseentfernungen sind hier nur für die Fahrt auf hoher See enthalten, während zwischen benachbarten Ankerplätzen oder Häfen keine Strecken angegeben sind. Die Fahrt von Akraia auf Zypern nach Rhodos soll einen Tag und eine Nacht dauern, erforderte aber die Hilfe des Nordwindes Boreas. Der Autor hatte eindeutig die Windverhältnisse im Mittelmeer vor Augen; die Küste hinter sich zu lassen war viel schwerer, wenn man gegen den Uhrzeigersinn reiste, beispielsweise von Ägypten nach Anatolien.

Offensichtlich sind die Karten des Mittelmeers und Zyperns Abstraktionen, eher Diagramme als Karten, und geben gar keine Küstenverläufe, ja nicht einmal die größeren Buchten an. Gleichzeitig sind Ankerplätze und Häfen in geographischer Reihenfolge aufgeführt. Die Schlüsseldaten für jede Reede und jeden Hafen bilden der Schutz vor den vier wichtigsten Winden, Angaben zur Größe und Hafenqualität und die Verfügbarkeit von Süßwasser. Diese Karten des Mittelmeers und Zyperns sind von See her gedacht und gezeichnet. Das bedeutet nicht etwa, dass die Karten, wie wir sie vor uns haben, mit an Bord eines Schiffes genommen werden sollten. Höchstwahrscheinlich aber sammelte der Kartenzeichner Informationen aus den Notizen von Seefahrern. Zudem entschied er sich bewusst dafür, nur jene Informationen abzubilden, die für Reisende auf dem Meer wichtig waren, und eine vollständige Abstraktion zu wählen.

Diese radikalen Entscheidungen zu Form und Inhalt hängen miteinander zusammen. Die vollständige Abstraktion vom Küstenverlauf – das Mittelmeer als perfektes Oval – ist eben deshalb gewählt, weil die Karten das Darstellen des maritimen Raumes vereinfachen sollten. Dass sämtliche Buchten fehlen, geschah nicht aus der Unwissenheit einer Landratte. Im Gegenteil enthalten diese Karten viele Informationen, die wichtig für die Navigation sind – mehr als jede andere Karte, die wir vor der Zeit der Kreuzzüge kennen. In einer Zeit, als die Reise auf dem Meer zwangsläufig eine Seefahrt entlang der Küsten war, besteht die

الفصل الخامس عشر في جزائر البحر

لسنا نعرض في كتابنا هذا لصفات سائر الجزائر المسكونة وانما القصد فيه لمع من ذكر كل فن ما غرب فهمه وقد اوردنا في كتابنا المسمى بالمحيط صفات جزائر البحار كلها حسب الطاقة والى ما انتهى اليه علمنا والله المعين على رضاه المتفضل بمنه وكرمه

صورة جزيرة قبرس ومراسيها

طول الجزيرة خمسة واربعون فرسخًا وعرضها اثنان وعشرون فرسخًا

واولها بحاذي الاسكندرية واخرها بحاذي اللاذقية

اسما بقيه مراسيها

ولما فتحها جنادة من بني امية وصالح اهلها على اربعة عشر الف دينار واربعمائة

ليأخذ الثلث عرضًا والثلث نقدًا والثلث موجلًا وذلك في ايام معوية بن ابي سفيان

ومن الجزيرة المصطكى واللاذن واشياء البابه والطرية والزاج والقلقنت والقلقديس وما يجلب من ارض الروم الى كل بلد من سائر المدن وغيرها

Karte der Insel Zypern aus dem *Buch der Merkwürdigkeiten*, Abschrift ca. 1200. Bodleian Library, University of Oxford, MS. Arab c. 90, fol. 36b.

Schlüsselinformation in der Abfolge der Häfen, ihrer Qualität und allen Erkennungszeichen, die von Bord eines Schiffes aus sichtbar waren. Angegeben sind die Abstände zwischen benachbarten Häfen vielleicht deshalb nicht, weil sie üblicherweise gering waren. Dagegen ist die Segelentfernung für Reisen auf hoher See zwischen denjenigen Häfen erwähnt, die nicht unmittelbar nebeneinander lagen. Hier geht die Karte über die schlichte textförmige Darstellung eines Itinerars auf dem Wasser hinaus, weil sie Bezüge zwischen Häfen herstellt, die nicht aufeinanderfolgen. Im Gegensatz zu einem Text kann eine Karte es dem Betrachter erlauben, das Navigationsmaterial nicht allein auf sequenzielle oder lineare Weise zu lesen.

Darstellungen fatimidischer Macht

In den Karten des *Buches der Merkwürdigkeiten* geht es nicht nur ums Meer, sondern auch um die Macht. Das zeigt sich sehr deutlich auf einer seiner optisch eindrucksvollsten Kartenseiten, der Karte der Hafenstadt Mahdia an der nordafrikanischen Küste (siehe die Abb. auf S. 81). Heute ist Mahdia nur ein kleiner Ferienort in Tunesien, im 11. Jahrhundert aber war es beinahe ebenso bedeutend wie Palermo. Sein künstlicher Hafen wimmelte von Schiffen, die von Alexandria aus nach Westen segelten, und für das Fatimidenreich hatte Mahdia nicht nur strategische, sondern auch historische Bedeutung. Es war die erste Hauptstadt, welche die Fatimidenkalifen erbaut hatten, als sie noch über ein nordafrikanisches Reich regierten, und behielt seine symbolische Bedeutung für die Dynastie auch nach deren Umzug nach Ägypten und der Gründung Kairos. Dieser Vorgeschichte entspricht es, dass die Karte von Mahdia im *Buch der Merkwürdigkeiten* ein einprägsames Bild der fatimidischen Machtentfaltung bietet. Noch ein Jahrtausend später hat sie ihren besonderen Charme.

Wie bei der Sizilienkarte liegt der Schwerpunkt auch in der Karte von Mahdia auf der Abbildung dreier Komplexe von Menschenhand: der Mauern, des Hafens und der beiden Paläste. Ausgerichtet ist die Karte nach Osten, damit die langgestreckte Halbinsel besser auf die Seite passt. Rechteckige Steinmauern umgeben die Stadt und sind im Westen (auf der Karte unten) von zwei großen Toren durchbrochen. Eine Einbuchtung in der Nordmauer folgt dem Küstenverlauf. An einem Bogen in der Südostecke der Karte, den ein oder mehrere Gebäude krönen, steht „Hafen". Die beiden davon abgesetzten, detailreich ausgeführten Gebäude nahe der Südmauer der Stadt tragen die Beschriftung „Paläste der Imame, mögen sie in Frieden ruhen".

Das Gesamtbild der Stadt entspricht auf dem Plan dem, was wir vom tatsächlichen Grundriss Mahdias im 11. Jahrhundert wissen. Unser Kartenzeichner vermittelt den Eindruck, als sei der Plan von Mahdia durch einen Betrachter auf der Außenseite entworfen, vielleicht jemanden an Bord eines Schiffes, das in den Hafen der Stadt einfährt. Die Einbuchtung in der Nordmauer stellt eindeutig einen Versuch dar, die Biegung in der Nordküste der Halbinsel

Karte der Hafenstadt Mahdia im heutigen Tunesien aus dem *Buch der Merkwürdigkeiten*, Abschrift ca. 1200. Bodleian Library, University of Oxford, MS. Arab c. 90, fol. 34a.

wiederzugeben. Auch die Lage des Hafens auf der Karte entspricht der tatsächlichen Lage des künstlich angelegten Hafens, der ins Grundgestein der Südostecke der Stadt gegraben ist. Seine bildliche Darstellung deckt sich mit europäischen Berichten, wonach sich ein Bogen über die Einfahrt spannte und zwei Türme verband, die die Durchfahrt schützten. Die Einfahrt selbst, die noch heute zu sehen ist, bildet einen rund 15 m breiten Wasserweg.

Ebenso sind die beiden Paläste der fatimidischen Imame korrekt nahe der Südmauer der Stadt wiedergegeben und so gezeichnet, als kehrten sie einander die Fassaden zu. Der rechte Palast hat ein Tor, das nach Süden geht, während der linke mit einer großen rechteckigen Nische ohne Öffnung erscheint, was nahelegt, dass er in Seiten- oder Rückansicht dargestellt ist. Diese Darstellung entspricht zeitgenössischen Beschreibungen der beiden Fatimidenpaläste, welche das Stadtbild beherrschten. Ausgrabungen haben zwar nur sehr wenige Überreste dieser Gebäude aufgedeckt, doch festzustehen scheint, dass der Kartenzeichner versucht hat, die relative Lage beider Paläste zueinander festzuhalten. Bemerkenswert ist außerdem, dass man bemüht war, jedem Gebäude individuelle Züge zu verleihen: das rechte besteht aus einem Turm, den hohe Mauern umgeben, während das linke einen breiteren Bau im Zentrum zeigt.

Das eindrucksvolle Doppeltor in der Westmauer haben die meisten mittelalterlichen Besucher der Stadt beschrieben. Laut Ibn Ḥauqal, der Mahdia in der zweiten Hälfte des 10. Jahrhunderts besuchte, besaßen die Stadtmauern zwei Tore, „dergleichen ich auf der ganzen Welt nicht gesehen habe“, ausgenommen Raqqa in Syrien.[2] Al-Idrīsī († 1165) preist die beiden eisernen Tore als zwei Weltwunder.[3] Offensichtlich ist die Abbildung dieser beiden Tore weder willkürlich noch ästhetisch motiviert, denn sie entspricht genau dem Eindruck, den sie bei mittelalterlichen Reisenden erweckten. Wie auch die Darstellung des Hafens und der Paläste soll dieses Bild die charakteristischen Züge der realen Mauern einfangen.

Die Liste oben links, die in den Freiraum innerhalb der Mauern geschrieben ist, stellt ein Itinerar des Seewegs zwischen Mahdia und Palermo dar. Sie besteht aus den Namen von Ankerplätzen auf dieser Strecke und nennt die Abstände dazwischen in Meilen. Die ersten 13 Etappen verlaufen entlang der Küste von Ifrīqiyah, dem heutigen Tunesien, nach Kelibia an der Spitze des nordafrikanischen Festlandes und weiter zur Insel Pantelleria sowie von dort nach Mazara del Vallo an der Südwestküste Siziliens und weiter nach Palermo. Die Funktion dieses maritimen Itinerars, das nicht zufällig im Freiraum innerhalb der Mauern von Mahdia platziert ist, besteht in der Betonung der strategischen Lage dieser Hafenstadt.

Zwischen der Karte von Mahdia und jener von Sizilien/Palermo bestehen enge optische und thematische Beziehungen. Mahdia, die erste fatimidische Hauptstadt, diente als Modell für die fatimidischen Bauten in Palermo. Derselbe Kalif, al-Qāʾim bi-Amr Allāh, welcher den

من عدة البرهان والحجج حاوٍ وقد مدت أبصار ثم حسبتها وقد تحلى بالحلى والزهج ۝ بانا احفين مع الرحال فهم
على مقدمة الغوغا والهمج لا تفرحن ضيق المسلك منفرجا فان صبح الهدى لمبتلى الفرج ۝
كم مرة تعدى درجا لم تدر حسرتها ذلك به رحله من اوسط التدبع ۝ ثم كان من امره ما شاء الله تعالى من امره وسيره ووقعه على يد المنصور بالله امير المومنين

١٣٣

المراسي من المهدية الى صقلية

من المهدية الى البرطول ثلثين ميلا
ثم [illegible] ستة عشر ميلا
ثم الى الخرقون ستة عشر ميلا
ثم الى المنارة اثنا عشر ميلا
ثم الى قرنة اثنا عشر ميلا
ثم الى تقرلبة ستة اميال
ثم الى اقليبة ستة اميال

ثم الى سوسة خمسة عشر ميلا
ثم الى هرقلة اثنا عشر ميلا
ثم الى المرصد خمسة عشر ميلا
ثم الى [illegible] اثنا عشر ميلا
ثم الى قصر سعيد سبعة عشر ميلا
ثم الى قصر نوبو اثنا عشر ميلا
ثم الى جزيرة قوسرة ستين ميلا

ثم الى وادي مازن ثمانين ميلا
ثم الى راس اقنس ثمانية عشر ميلا
ثم الى جزيرة الواهبة ستة اميال
ثم الى اطرابنش اثنا عشر ميلا
ثم الى سنطميط ثمان عشر ميلا
ثم الى مدينة مربا اربعين ميلا
ثم الى صقلية اربعة وعشرون ميلا

قصور الائمة عليهم السلام

باب المدينة

[illegible] الباب

الجنوب

الشمال

المغرب

الربض مصليان احدهما للجنائز الموتى والاخر لصلاة العيدين
هذا مينا المراكب عليه باب
هذا مينا تدخل فيه المراكب

البحر الرومي
في هذا الربض مساجد وكنايس ومغارش لتبيض الامتعه وحجاره مضرسه منقوشه
لقرب الباب وفيها هدف للرماه
وطالع تاسيس هذه المدينه برج الحوت وصاحبه المشتري السعد الاعظم وصاحبه الشرف الزهره
ولذلك كثر طرب نفوس اهلها وفرحهم ورغبتهم في مداومات اللذات واستماع الاغاني ومواصله
المسرات والرغبه في الراحه والمراح
وحسن الموازره لمن يستخدمهم ومحبتهم للغربا والمسافرين والمواطنه على
في هذا الربض دواليب تنقل الماء الى الكمائم والحمامات وديوان كبير للسمك

Bau des Palastkomplexes al-Khāliṣa in Palermo befahl, ließ auch einen der beiden Paläste auf der Karte von Mahdia errichten. Generell waren beide Städte fatimidische Regierungssitze nahe den wichtigen Häfen des zentralen Mittelmeerbeckens. In beiden gab es Palastbezirke, umgeben von größeren Vorstadtbereichen, in denen sich der Handel abspielte. Während al-Khāliṣa an das alte Zentrum von Palermo grenzte, hing die Palaststadt Mahdia von der unbefestigten Wohnstadt Zawīla ab, die zwar nicht auf der Karte erscheint, wohl aber im vorausgehenden Text erwähnt ist.

Jetzt verstehen wir, wieso der Kartograph sich entschieden hat, Sizilien genau so darzustellen: Seine Karte formuliert in kartographischer Form eine politische Aussage zu den fatimidischen Ansprüchen im Mittelmeer. Sie versuchte die Befestigungen der Insel und ihrer Hauptstadt Palermo als uneinnehmbar darzustellen und wollte verdeutlichen, wie fest Sizilien im Griff der Fatimiden war. Ihr optisches Zentrum bildet der Schwerpunkt der Macht, also Palermo und seine Vorstädte. Die Karte hebt die Befestigungen einer Hafenstadt hervor: Mauern mit Stadttoren, einen gut geschützten Palast und Kettentürme an der Hafeneinfahrt. Diese drei Schlüsselelemente werden prominent und anschaulich gezeigt. Sizilien, will uns der Kartograph damit sagen, ist nicht zu haben.

Der Autor des *Buches der Merkwürdigkeiten* fügte noch ein drittes Bild einer Inselstadt am Mittelmeer dazu, nämlich ein Diagramm der untergegangenen Stadt Tinnīs im Nildelta (vorausgehende Doppelseite). Tinnīs lag auf einer Insel in einem Brackwassersee, der sich aus der Einmündung eines östlichen Nildeltaarms ins Mittelmeer nahe dem heutigen Port Said bildete. In ihrer Blütezeit war die Stadt ein wichtiges Zentrum der Textilproduktion, außerdem der Haupthafen am Nordostarm des Deltas und eine natürliche Zwischenstation für den Handel zwischen Ägypten und der Küste von Syrien und Palästina. Wiederholt griffen Kreuzfahrerflotten Tinnīs an, bis Saladin schließlich 1192–93 befahl, die Zivilbevölkerung zu evakuieren. Im Lauf des 13. Jahrhunderts wurde die Stadt dann vollständig aufgegeben, und heute sind ihre Überreste vollständig von Sand begraben. Damit ist die Karte von Tinnīs im *Buch der Merkwürdigkeiten* so etwas wie eine Karte des versunkenen Pompeji, ein Geschenk des Himmels für die Archäologie, die mit der Rekonstruktion des Ortes noch am Anfang steht.

Bildliche Darstellungen gibt es auf dieser Karte der Stadt Tinnīs nur von den Mauern und den Häfen. Das Diagramm füllt zwei Folioseiten und zeigt die Stadt mit dem grünen Mittelmeer am oberen Kartenrand sowie dem blauen See im Delta, Manzala-See genannt, der die Inselstadt umschloss, auf den drei übrigen Seiten. Die rechteckigen Stadtmauern haben zwölf Tore, angedeutet durch schlichte Quadrate ohne Türflügel oder Bögen. Je zwei Tore sind in der West- und Ostseite, vier weitere in der Nordseite. Die Südmauer weist sechs Tore auf, von denen zwei die Kanäle sperren, welche in die Stadt führen. Die Beschriftungen an die-

Vorausgehende Doppelseite: Karte der Inselstadt Tinnīs im Nildelta aus dem *Buch der Merkwürdigkeiten*, Abschrift ca. 1200. Bodleian Library, University of Oxford, MS. Arab c. 90, foll. 35b-36a.

Karte der Inselstadt Tinnīs aus al-Qazwīnīs *Denkmäler der Völker*, Abschrift von 1329. © The British Library Board, MS. Or. 3623, fol. 49b.

جاشك جزيرة اهلها يقربون من برهوت بارض حضرموت وقد مر ذكرها في حضرموت لاهلها جلادة وجرأة في حرب البحر وعلاج السفن جلادة ليس لغيرهم مثلها حتى ان الواحد منهم يسبح في الماء اياما ويجالد بالسيف مجالدة من هو على الارض ويقول اهل تنيس ان بعض ملوك الهند اهدى الى بعض الملوك جواري فلما وصل المركب الى جاشك خرج الجواري يتفسحن فاختطفهن الجن وافترشوهن فولدن الذين بها فلهذا ياتون بما يعجز عنه غيرهم **جاطة** جزيرة على مرسى طرفة من ارض افريقية طولها ثمانية اميال وعرضها خمسة اميال بها اثنا عشر عين عذبة الماء وبها مراعي وآثار قديمة وبها من الابل ما لا يحصى حدثني الفقيه سليمان المليانى رحمه الله ان بها معزا كثيرا انسية توحشت اذا قصدها قاصد أهوت بنفسها من جبال شاهقة وتقف على قوائمها بخلاف الابل فانها تقع على قفاها ومنها جزيرة **تنيس** جزيرة قريبة من البر بين فرما ودمياط في وسط بحيرة مفردة عن البحر الاعظم بينها وبين البحر الاعظم بر مستطيل وهي جزيرة بين البحرين واول هذا البر قرب الفرما وهناك فوهة يدخل منها ماء البحر الاعظم الى بحر تنيس في موضع يقال له القرباج وهو يحول بين البحر الاعظم وبحر تنيس سائر في ذلك البر ثلثة ايام الى قرب دمياط وهناك فوهة اخرى ياخذ الماء من البحر الاعظم الى بحيرة تنيس ويقرب ذلك الفوهة النيل ينصب الى بحيرة تنيس والبحيرة مقدار اقلاع يوم في عرض نصف يوم ويكون ماؤها اكثر السنة ملحا لدخول ماء البحر اليه عند هبوب الشمال فاذا انصرف نيل مصر عند دخول الشتاء وهبوب الرياح الغربية دخلت البحيرة وحلا سف البحر الملح مقدار بريدين وعند ذلك تكاملت النيل وغلبت حلاوته ماء البحر فصارت البحيرة حلوا فحينئذ يدخر اهل تنيس المياه في صهاريجهم ومصانعهم لشربهم ثم هذه صورتها

ذكروا انه ليس بجزيرة تنيس شيء من الهوام المؤذية لان ارضها سبخة شديدة الملوحة وقد صنف في اخبار تنيس كتاب ذكر فيه انها بنيت في سنة ثلثين ومائتين بطالع الحوت اثنا عشر درجة وبها الزهرة وشرفها

sen beiden Toren zeigen, dass es sich hierbei um die Hafeneinfahrt handelt. Die am linken Tor lautet „Dies ist ein Hafen für Schiffe, an dem ein Tor steht", und die Beschriftung rechts: „Dies ist ein Hafen, in den Schiffe einfahren".

Die Beschriftungen rund um die Mauern von Tinnīs verweisen auf Vorstadtgebiete: den Palast des Statthalters, die Gebetsflächen für religiöse Feiern und die Fischerhütten nahe den Hafeneinfahrten. Doch wie auf der Karte von Mahdia bleibt auch hier das Gebiet innerhalb der Stadtmauern frei von jedem topographischen Detail und von Abbildungen. Stattdessen wird der riesige Freiraum für einen Text genutzt, der sich den positiven Charakterzügen der Stadtbewohner und der frühislamischen Geschichte des Ortes widmet: Die Menschen in Tinnīs, so erfahren wir, seien voller Glück und Lebensfreude, weil die Stadt gegründet wurde, als das Sternbild Fische den Aszendenten bildete. Auf den vorangegangenen Seiten der Abhandlung hat der Autor die Märkte und Textilwerkstätten, Moscheen und Gasthäuser beschrieben, aber nichts davon erscheint auf der Karte.

Die Karte von Tinnīs im *Buch der Merkwürdigkeiten* hebt Mauern und Häfen hervor. Ihre markante politische Aussage zeichnet sich noch stärker ab, wenn wir sie mit einer anderen Karte derselben Insel vergleichen (siehe Abb. auf S. 85), die der iranische Autor al-Qazwīnī († 1283) in seine Denkmäler der Völker aufnahm. Al-Qazwīnīs Karte entstand, als die Stadt schon verlassen war; sie zeigt rechts unten die Öffnung des Manzala-Sees zum Nil und beiderseits zwei Öffnungen ins Mittelmeer. Das Landstück, das den Manzala-See vom Mittelmeer trennt, ist im oberen Bereich des Diagramms als Halbkreis abgebildet, die Insel Tinnīs selbst als Kreis im See. Weil der Kartograph in al-Qazwīnīs Abhandlung sich für die ungewöhnliche Lage von Tinnīs auf einer Insel in einem See, der Teil eines Deltas ist, interessiert, sind die Stadtmauern und der Hafen weder erwähnt noch wiedergegeben.

Zusammengenommen bilden die Karten von Sizilien/Palermo, Mahdia und Tinnīs die älteste Serie von Stadtplänen, die sich im mittelalterlichen Islam erhalten haben. Es gibt nur wenige andere Stadtpläne des Mittelalters. Das markanteste Beispiel dieser Art ist der Plan einer weiteren Hafenstadt auf einer Halbinsel – diesmal Aden an der Südküste Arabiens, einer der wichtigsten Handelsplätze im Indischen Ozean (siehe Abb. auf S. 88–89). Diesen Plan zeichnete gegen 1220 ein Reisender und Kaufmann namens Ibn al-Mudschāwir, der uns einen faszinierenden biographisch-historischen Bericht über die Arabische Halbinsel überliefert hat. Ungewöhnlich ist, dass zu Ibn al-Mudschāwirs Schilderung 13 schematische Stadtpläne oder Karten gehören, die unter anderem Mekka, Zabīd und Taʿizz zeigen; verwendet werden hauptsächlich Quadrate und Kreise, daneben erscheinen nur minimale Details, und es wird kaum versucht, Besonderheiten der Architektur festzuhalten.[4] Dieser Kartensatz stammt aus einer noch nicht genügend erforschten lokalen Kartentradition mit charakteristischen Eigenarten, die sich im Spätmittelalter auf der Arabischen Halbinsel entwickelte. Ein vor Kurzem publizierter Text zur Finanzverwaltung für einen Sultan des Jemen im 14. Jahrhundert enthält eine Reihe von Karten zu Verwaltungsbezirken und wichtigen Hafenstädten, die in einem Stil gehalten sind, der stark an die Karten von Ibn al-Mudschāwir erinnert.[5]

Die hier abgebildete Karte von Aden ist die komplizierteste in Ibn al-Mudschāwirs Text und konzentriert sich eindeutig auf die Handelsinteressen des Autors und Kartographen. Der Kreis im unteren Bereich der Karte trägt die Aufschrift „Waage“ und zeigt wahrscheinlich das Wiegehaus an der Hafeneinfahrt. Die Aufschrift, die herausgehoben über der horizontalen Geraden steht, welche das Diagramm durchzieht, lautet „Zollhaus“. Aden war eine unumgängliche Zwischenstation im Handel auf dem Indischen Ozean, und wenn ein Kaufmann nach Aden kam, war das Zollhaus die einprägsamste – und am meisten gefürchtete – Einrichtung der Stadt, denn dort wurde die eigene Fracht durchsucht, und es konnte durchaus passieren, dass Waren beschlagnahmt wurden. Die lange Aufschrift links beschreibt ein weiteres Gebäude, das eng mit dem internationalen Handel verknüpft war: einen Wachturm, der nach Süden schaute und von dem aus man die Handelskonvois von und nach Ägypten sichtete.

Wie uns Ibn al-Mudschāwir berichtet, hat er diese Ansicht von Aden mit Blick nach Westen von der Festung Sīrah aus gezeichnet, einem Inselchen, das die Einfahrt in den Haupthafen der Stadt bewachte. Die Halbinsel, auf der Aden liegt, ist als perfekter Kreis wiedergegeben; im Süden befindet sich der Indische Ozean, im Nordwesten die als See der Perser bekannte Bucht. Wie auf der Karte von Mahdia wird die Hafenstadt so dargestellt, als sei sie eine ringsum von Wasser eingeschlossene Insel, und die Bildaussage lautet in beiden Fällen, dass es sich um eine gut geschützte Herrschaft handelt. Aden selbst ist als Beschriftung in der Kartenmitte, nicht aber als Bild wiedergegeben, und es gibt keine Mauern oder Befestigungen, obwohl die verschiedenen diagonal gestellten Rechtecke, die das Diagramm prägen, für die steilen Berge stehen, die Aden ringsum einschließen.

Der wohl überraschendste Aspekt der Stadtpläne im mittelalterlichen Islam ist die Leere in ihrem Zentrum. Die Abbildungen von Palermo, Mahdia, Aden und Tinnīs zeigen durchweg die Stadtgrenzen, die Befestigungen oder das Zollhaus, die den Stadtraum von der Außenwelt trennten. Innerhalb der Stadtmauern jedoch sieht man meistens sehr wenig: In Mahdia können wir nur die Paläste der Herrscherdynastie erkennen, in Palermo ein paar Beschriftungen. Tatsächlich herrschte in diesen Städten innerhalb der Mauern drangvolle Enge, aber das spiegeln die Karten nicht wider. Es gibt keine bildlichen Darstellungen von Märkten oder auch von religiöser und städtischer Infrastruktur. Vielleicht überrascht es, dass mittelalterliche Stadtansichten im Islam keine Moscheen zeigen.

قديمه طولها اربعون ذراعا وبير زعفران اشترت بمدته واوقفت علي
المسلمين ٥ **فصل** حدثني عبد الله بن محمد بن يحيى قال انه كان ينقل
ما بير زعفران الي بلاد اليمن قال لان سيف الدين اتابك سنقر مولا الملك
المعز اسمعيل بن طغتكين شرب عند المعتمد محمد بن علي التكريتي نبيذًا اعجبه
طعمه فقال له مم عملت هذا النبيذ قال من ما زعفران اذا اقلت في هذا الماء داذي
وترك الشمس يرجع نبيذا كما ولا يحتاج الي غسل ولا الي شي م اي وضعه فمن الحين
كان ينقل له هذا الما الي الجند ونعرف صنعا وزبيد يعملون منه نبيذًا
والاصح ما الزب ويقال انه في الاصل كان عذبا فراتا والان قد علته ملوحه
بعض الشي من سو افعال الخلق وبير السلامي بير حفرها الشيخ اسمعيل بن عبد الرحمن
السلامي وبير روح قديمه وبير عود قديمه وبير ابن الدوب صهر الشيخ معمر
بن جريح وبير الحمام حفرها محمد بن علي التكريتي وبير الحمام الثانيه قديمه
وبير مور قديمه وبير جلاد قديمه وبير الحصامي قديمه • **فصل** حدثني
محمد بن ركل بن الحسن الكرماني عن رجل من اهل عدن قال حدثني عبد الله
بن محمد الاسحاقي الداعي ان بداخل عدن مايه وثمانون بير احلوة ولكنها
مانعه والله اعلم **ذكر الابار المحا المالحة بعدن** بير وضاح
قديمه وبير بانيه الي جنبها وبير ابن عندم رابط الجبل وبير ام حسن
قديمه وبير قند له على طريق الباب وبير سنبل قرب الحمام وبير سالم وبير
حندود وبير فرج وبير الزنوج وبير الاقبله وحفرت سنه عشرين
وستمايه وبير رشش السوابي وبير في قرب دار القطيعي السلاطه وبير
الشريعه • **ذكر ابار ماوها بحر عدن** بير في حافة الدبا كلم
وبير عند باب مكسور وثلثة ابار للبرابر وبير عند الجامع وبير

صفة عدن وذكرها بنا البلد في وادي البحر مستدير وحوله هواه كرب ولكنه نقطع حل الحمر في مدة عشرة ايام وماوها من الابار وشي يجلب من مسبرة فرسخين والله اعلم ذكر الابار العذبة داخل عدن بير حلقم عود السلطانيه وبير علي بن ابي البركات بن الكاتب قديمه وبير احمد بن المسيب وبير ابن ابي الغارات قديمة عند باب عدن وبير المقدم قديمه وثلاثه ابار لداود بن مضمون اليهودي وثلثه ابار للشيخ عمر بن الحسين وبير لعلي بن الحسين الازرق وبير جعفر

Wie kam das? Warum zeigten muslimische Kartographen im Mittelalter die Grenzen, Mauern und Paläste von Städten, nicht aber deren Innenleben? Die Antwort liegt vielleicht in der klaren politischen Aussage dieser Stadtansichten. Die Stadtpläne, die uns aus dem mittelalterlichen Islam erhalten sind, haben mit politischer Autorität zu tun, besonders mit der Herrschaft über Hafenstädte. Die Stadt wird als Zufluchtsort gesehen, vor der See wie vor der Umgebung. Das hat viel mit der Zielgruppe bzw. Person zu tun, für die die Karte gedacht war. Der Autor des *Buches der Merkwürdigkeiten* schrieb und zeichnete für einen Gönner am Fatimidenhof, vielleicht für den Kalifen persönlich. Solche Karten hatten keinen Reiz für Religionsgelehrte, die überwiegend bildliche Darstellungen der Stadträume, die sie bewohnten, vermieden. Nicht dass es den Männern der Religion an Lokalpatriotismus gefehlt hätte. Seit dem 12. Jahrhundert hatten viele muslimische Gelehrte dicke Bände über die Geschichte ihrer Heimatstädte und deren prominente Personen geschrieben. Aber zu diesen Lokalgeschichten und Topographien gehörten keine Stadtpläne. Vielleicht hüllten sich einige Religionsgelehrte zur Frage der Verwendung von Bildern in frommes Schweigen; anderen mögen Stadtpläne zu eng mit der politischen Macht militärischer Eliten verknüpft gewesen sein.

Vorausgehende Doppelseite: Karte der Hafenstadt Aden aus Ibn al-Mudschāwirs *Tārīkh al-Mustabṣir*, Abschrift von 1595. Courtesy of the Turkish Institute of Manuscripts, Süleymaniye Manuscript Library, Istanbul, MS. Ayasofia 3080, fol. 53b.

Der Autor des *Buches der Merkwürdigkeiten*

Die Person des Autors bleibt ein Geheimnis. Er war ein treuer Untertan des Fatimidenreiches, und das Ausmaß seiner Geographiekenntnisse legt nahe, dass er in direkter Verbindung zum fatimidischen Staatsapparat und vielleicht auch zum ismailitischen Missionarsnetz stand. Sein astrologisches Interesse an den Auswirkungen der Himmelssphären auf irdische Ereignisse ist zwar nicht völlig untypisch für seine Zeit, deutet aber ebenfalls auf ein esoterisch-ismailitisches Weltbild hin. Die Karte von Palermo mit seinen Vorstädten, das Diagramm von Tinnīs und besonders die Karte von Mahdia – gezeichnet aus der Perspektive einer Person, die von einem Aussichtspunkt knapp außerhalb der Mauern auf die Stadt blickt – legen nahe, dass er diese Hafenstädte selbst besucht hat. Sein Interesse an Handelsfragen ist jedoch minimal, und wahrscheinlich war er eher ein Militär als ein Kaufmann.

Hauptsächlich war er mehr Kartograph als Gelehrter. Die Karten sind es, die das *Buch der Merkwürdigkeiten* zu einem so herausragenden Werk mittelalterlichen Wissens und einem für moderne Augen so attraktiven Manuskript machen. Der Autor vertraut wie niemand vor ihm darauf, dass Karten und Diagramme Informationen vermitteln können. Anders als in jedem früheren geographischen Traktat sind manche Karten Kunstwerke, die für sich allein stehen, ohne einen Begleittext. Das gilt für das kreisförmige Himmelsdiagramm, die rechteckige Weltkarte und die Karten der drei großen Meere; zu keiner von ihnen gehört eine Erklärung in Textform. Selbst da, wo sich die Karten auf einen Text beziehen, etwa die der

Inseln Sizilien und Zypern oder der Stadt Mahdia, gehen die Informationen, die sie vermitteln, weit über den Gehalt der vorausgehenden Textabschnitte hinaus. Die Abhandlung im Original besitzen wir nicht mehr, nur eine spätere Abschrift, also wissen wir auch nicht, wie üppig sie eventuell illustriert war, als sie ursprünglich niedergeschrieben wurde. Wörtlich übersetzt heißt der zweite Teil des Titels jedoch „was den Augen wohlgefällig ist" (*mulaḥ al-ʿuyūn*), und das deutet darauf hin, dass es in der Abhandlung ebenso sehr um die Bilder wie um den Text geht.

Der anonyme Autor zeichnete die Karten von Sizilien/Palermo, Mahdia und Tinnīs zur Vermittlung einer politisch-militärischen Aussage. Es ist eine Ironie, dass die grandiose Wiedergabe von Mauern und Palästen den schon nahen Niedergang des Fatimidenkalifats als Mittelmeermacht nicht verhindern konnte. Als Propagandamittel sind diese Karten vielleicht nützlich gewesen – ein Ersatz für militärische Stärke waren sie nicht. Das Zeichnen dicker Mauern hält anstürmende Normannen nicht auf. Nur Jahrzehnte nach Abfassung des *Buches der Merkwürdigkeiten* fiel dieses Trio fatimidischer Mittelmeerhäfen in rascher Folge. Palermo ging 1072 an die Normannen, 1091 kapitulierte die letzte muslimische Festung auf Sizilien. Nie wieder konnten muslimische Heere die Insel einnehmen. Mahdia ging den Fatimiden 1057 verloren, als es in die Hände einer nordafrikanischen Lokaldynastie fiel. Anschließend wurde es mehrmals Ziel normannischer Angriffe, was schließlich 1148 damit endete, dass Roger II. von Sizilien es für die Dauer von zwölf Jahren eroberte. Im Fall von Tinnīs ordnete 1227 der Aiyubidensultan al-Malik al-Kāmil die Schleifung der verbliebenen Befestigungen an, damit sie einem eindringenden Kreuzfahrerheer nicht als Stützpunkt dienen konnten. Jetzt liegen sie unter Sand begraben und die Karte von Tinnīs im *Buch der Merkwürdigkeiten* ist ein einsames Zeugnis für den Glanz der Stadt im Mittelalter.

جزيرة سقوطرى
مرباط
شرمه
لسعا
ابين
حاسك
تريم
شبام
بلاد عاد

Kapitel 4

Das Gitternetz des Sharīf al-Idrīsī

جبل القمر وهو منبع النيل
الحبشه
النوبه
كانم
اليمن
الحجاز
الشام
العراق
مصر
خراسان
الهند
الصين
السند
كرمان
فارس
الواق واق
سفاله
الزنج
ياجوج
ماجوج

Die Weltkarte des Sharīf al-Idrīsī aus *Unterhaltung für jenen, der sich danach sehnt, die Welt zu bereisen*, Abschrift von 1553. Oben ist Süden. Bodleian Library, University of Oxford, MS. Pocoke 375, foll. 3–4.

Die einprägsamste und am häufigsten abgedruckte Karte des mittelalterlichen Islam ist die Weltkarte, die zum Buch *Unterhaltung für jenen, der sich danach sehnt, die Welt zu bereisen* gehört, einer geographischen Abhandlung von Sharīf al-Idrīsī, der am Hof des Normannenkönigs Roger II. auf Sizilien wirkte. Die hier gezeigte Karte ist Teil eines Manuskripts, das im 16. Jahrhundert in Nordafrika entstand – eine von zwei Abschriften der *Unterhaltung*, die die Bodleian Library besitzt (siehe Abb. auf nebenstehender Seite). Im Aufbau unterscheidet sie sich nicht grundsätzlich von der Weltkarte al-Iṣṭakhrīs; sie stellt in Kreisform eine Erdhalbkugel dar, die vom Umzingelnden Meer umgeben ist; Süden ist oben.

Die Karte zeigt einen verlängerten afrikanischen Kontinent, der sich parallel zur asiatischen Landmasse nach Osten erstreckt. Während jedoch al-Iṣṭakhrīs Karte ein abstraktes Diagramm aus Geraden war, das Provinzen und Regionen in Kastenform abgrenzte, verlaufen die Küstenlinien auf dieser Karte in viel sanfteren, viel ausgefeilteren Kurven. Außerdem erscheinen viel mehr Details, besonders in den Ländern außerhalb des Islam. Der Umriss Europas, den al-Iṣṭakhrī als exaktes Dreieck zeigte, ist hier genauer als je zuvor dargestellt; die Halbinseln Italien und Balkan sind deutlich erfasst. Außerdem sind sieben rote Klimalinien eingetragen, die – angefangen beim Äquator und nach Norden fortgeführt – die ptolemäischen Breiteneinteilungen der bewohnten Welt angeben. Davon abgesehen ist die Welt hier ein geschlossenes Ganzes, und die Beschriftungen geben dem Betrachter Hinweise, ohne dem physischen Raum politische oder ethnische Teilungen aufzuzwingen. Sorgsam ausgeführte Bergketten und Flüsse bestimmen das Bild der Karte, das durch eine Farbpalette noch verstärkt wird, deren intensivste Farbe das tiefe Blau des Meeres ist.

Wer war al-Idrīsī?

Heute ist al-Idrīsī so etwas wie ein Prominenter. Nicht nur schmückt diese kreisförmige Weltkarte so manche Einführung in die islamische Geschichte, sondern al-Idrīsīs Biographie ist zum Symbol für die europäisch-islamische Zusammenarbeit in den Wissenschaften geworden. Er ist die Hauptperson in Tariq Alis historischem Roman *A Sultan in Palermo* (*Der Sultan von Palermo*), einem mit viel Lob aufgenommenen fiktionalen Text, der sich direkt mit aktuellen Anspielungen auf die Rolle des Islam in den europäischen Gesellschaften von heute bezieht.[1] Ein häufig verwendetes Geoinformationssystem (GIS) zur Modellierung und Analyse komplexer geographischer Daten trägt zu Ehren von al-Idrīsī den Namen IDRISI. Seine Textbeschreibung Europas ist unter dem Titel *Die erste Geographie des Westens* mehrfach ins Französische übersetzt worden; auch hier vermittelt der Verweis auf die religiöse Identität des Autors eine unausgesprochene aktuelle Botschaft.[2] Und ebenso ist al-Idrīsī der einzige Vertreter der islamischen Kartographietradition in Jerry Brottons *Geschichte der Welt in zwölf Karten*, die ihn als faszinierendes Beispiel für den Austausch zwischen Ost und West sieht, der auf lange Sicht zum Scheitern verurteilt, gleichwohl aber lehrreich gewesen sei.[3]

Folgende Doppelseite: Der vierte Abschnitt des Ersten Klimas mit den Quellen des Nils. Aus al-Idrīsīs *Unterhaltung für jenen, der sich danach sehnt, die Welt zu bereisen*, Abschrift ca. 1400. Bodleian Library, University of Oxford, MS. Greaves 42, foll. 17b–18a.

Unabhängig von den politischen Untertönen ist das Lob, mit dem al-Idrīsī überschüttet wird, vollkommen berechtigt. Er war der Kartograph und Geograph mit den am höchsten gesteckten Zielen im gesamten Mittelalter, er hat klassische, islamische und europäische Quellen miteinander verbunden. Die ungeheuer originelle Art, wie er einzelne Kartenabschnitte schuf, die jeweils einem Quadrat einheitlicher Größe in einem Gitternetz der bewohnten Welt entsprachen, findet im Digitalzeitalter Anklang. Außerdem war al-Idrīsī ein durchdachter Kartenzeichner, der die beabsichtigte Funktionsweise seiner Karten wie auch seine Vorgehensweise in klaren Worten erklärte. Seine Rolle als muslimischer Wissenschaftler, der in arabischer Sprache am Hof eines christlichen Herrschers wirkte, ist unter den Geographen der islamischen Welt des Mittelalters einmalig und verschaffte ihm einen bemerkenswert weiten Blickwinkel. Ja, man darf al-Idrīsī ruhig feiern.

Die meisten modernen Biographien berichten, dass al-Idrīsī um das Jahr 1100 in Ceuta an der Küste des heutigen Marokko geboren wurde und anschließend seine Ausbildung in Córdoba erhielt, der Hauptstadt des islamischen Spanien.[4] Ebenso wird gern hervorgehoben, wie er anschließend nach Kleinasien, Frankreich, England und Spanien reiste, ehe ihn etwa um 1138 Roger II. an seinen Hof in Palermo einlud. Man stellt Rogers Motive für die Einladung hauptsächlich als politisch dar: Er wollte sich al-Idrīsīs Anspruch auf die Abstammung vom Haus des Propheten zunutze machen, der in dem Titel „Sharif" ausgedrückt ist, um so die eigenen Expansionspläne in Nordafrika voranzutreiben. Anschließend bat Roger al-Idrīsī, eine Weltkarte zu entwerfen und zu kommentieren; die Karte wurde in eine Silberplatte graviert und ist später verlorengegangen, die zugehörige geographische Abhandlung jedoch – die *Unterhaltung* – wurde im Januar 1154 fertiggestellt, nur einen Monat vor Rogers Tod am 27. Februar desselben Jahres.

Jüngste Forschungen haben mehrere wichtige Punkte dieser Mehrheitssicht korrigiert.[5] Zunächst einmal ist al-Idrīsī so gut wie sicher nicht in Ceuta geboren, sondern auf Sizilien selbst, und wuchs am Königshof auf. Laut einem kaum bekannten Text des 14. Jahrhunderts, der erst in jüngster Zeit publiziert worden ist, war al-Idrīsīs Großvater der letzte Herrscher einer Lokaldynastie, die Malaga in Südspanien regierte.[6] Nach der Absetzung dieses Mannes im Jahr 1058 zerstreuten sich seine Nachkommen über den ganzen westlichen Mittelmeerraum. Einer von ihnen, al-Idrīsīs Vater, traf irgendwann vor 1090 am normannischen Königshof Siziliens ein und wurde von Roger I., dem Vorgänger Rogers II., freundlich aufgenommen. Dieser Biographie des 14. Jahrhunderts zufolge wäre al-Idrīsī selbst als Gefährte des künftigen Herrschers aufgewachsen. Dieser Lebenslauf passt besser zu den Hinweisen in al-Idrīsīs eigenem Werk, wo nicht davon die Rede ist, dass er aus dem Ausland an Rogers Hof berufen worden sei, und ebenso wenig von Reisen in Kleinasien, Frankreich oder England. Falls al-Idrīsī Sizilien jemals verlassen hat, dann wahrscheinlich nur für Reisen ins muslimische Nordafrika und Spanien. Wie wir wissen, blieb er der Heimat seiner Vorfahren, al-Andalus, verbunden – in einer anderen Schrift, einem einflussreichen botanischen Kompendium über Pflanzen und deren medizinischen Nutzen, spricht er wiederholt von Pflanzen, die „in unserem Land" Spanien (*al-Isbāniya*) wachsen.

Also ist al-Idrīsī nicht irgendein unbekannter Fürst gewesen, der aus dem muslimischen Teil des Mittelmeerraumes herausgerissen wurde. Höchstwahrscheinlich wurde er in die multireligiöse, dreisprachige Elite hineingeboren, die die Normannenkönige Siziliens umgab, das eine einmalige Übergangsregion zwischen der lateinischen Christenheit und dem Islam darstellte. Als die Normannen 1068–1071 die Insel von den Fatimiden eroberten, fanden sie eine Mischung aus griechischen und arabischen Elementen vor; statt sie zu ersetzen, beschlossen sie, sie anzureichern. Am Normannenhof war al-Idrīsī von vielen Griechen umgeben, die hohe Ämter bekleideten, darunter Georg von Antiochia, der wichtigste Feldherr und Diplomat dieser Zeit. Noch spürbarer war der Einfluss der arabischen und islamischen Kultur, wie die außergewöhnliche Capella Palatina in Palermo beweist, ein christlicher Bau, der massive Anleihen beim markanten Kunststil der Fatimiden macht. Arabisch war den Großteil des 12. Jahrhunderts über die Hauptsprache der königlichen Verwaltung, die unter dem arabischen Namen Dīwān bekannt war. Viele Erlasse ergingen in allen drei Sprachen – auf Griechisch, auf Arabisch und im Latein der Herrschaftsschicht.

Dank seiner geographischen Lage ist Sizilien eine Drehscheibe im Mittelmeer, und wir haben gesehen, welch ein wichtiger Besitz es für die Fatimiden in Kairo war. Nach der Einnahme durch die Normannen und mit dem Eintreffen der ersten Welle der Kreuzzüge 1096 wurde es sogar noch bedeutender, nämlich als Zwischenstation für lateinische Krieger auf dem Weg ins Heilige Land. Gleichzeitig verwandelte es sich allmählich in einen Ort des geistigen Austausches, der nur der Iberischen Halbinsel nachstand. Ab den 1140er-Jahren förderte Roger aktiv die Übersetzung mehrerer griechischer und arabischer Texte ins Lateinische. Zwischen 1154 und 1160 übertrug Henricus Aristippus, der frühere Archidiakon der Kirche Sant'Agata in Catania, diverse Schriften von Aristoteles und Platon. Aus Byzanz brachte Henricus eine Abschrift des *Almagest* von Ptolemäus mit, die ebenfalls ins Lateinische übersetzt wurde, ebenso der bekannteste arabische Sternkatalog von ʿAbd al-Raḥmān al-Ṣūfī. Das Kompendium der Heilpflanzen, das al-Idrīsī verfasste, war mehrsprachig und führte Synonyme aus mehreren Sprachen an. Das geographische Werk war seinerseits zwar auf Arabisch geschrieben, doch lässt es sich als eine Art Übersetzung sehen, als Transfer arabisch-islamischer Kenntnisse und Methoden der Geographie in einen Kontext der lateinischen Welt.

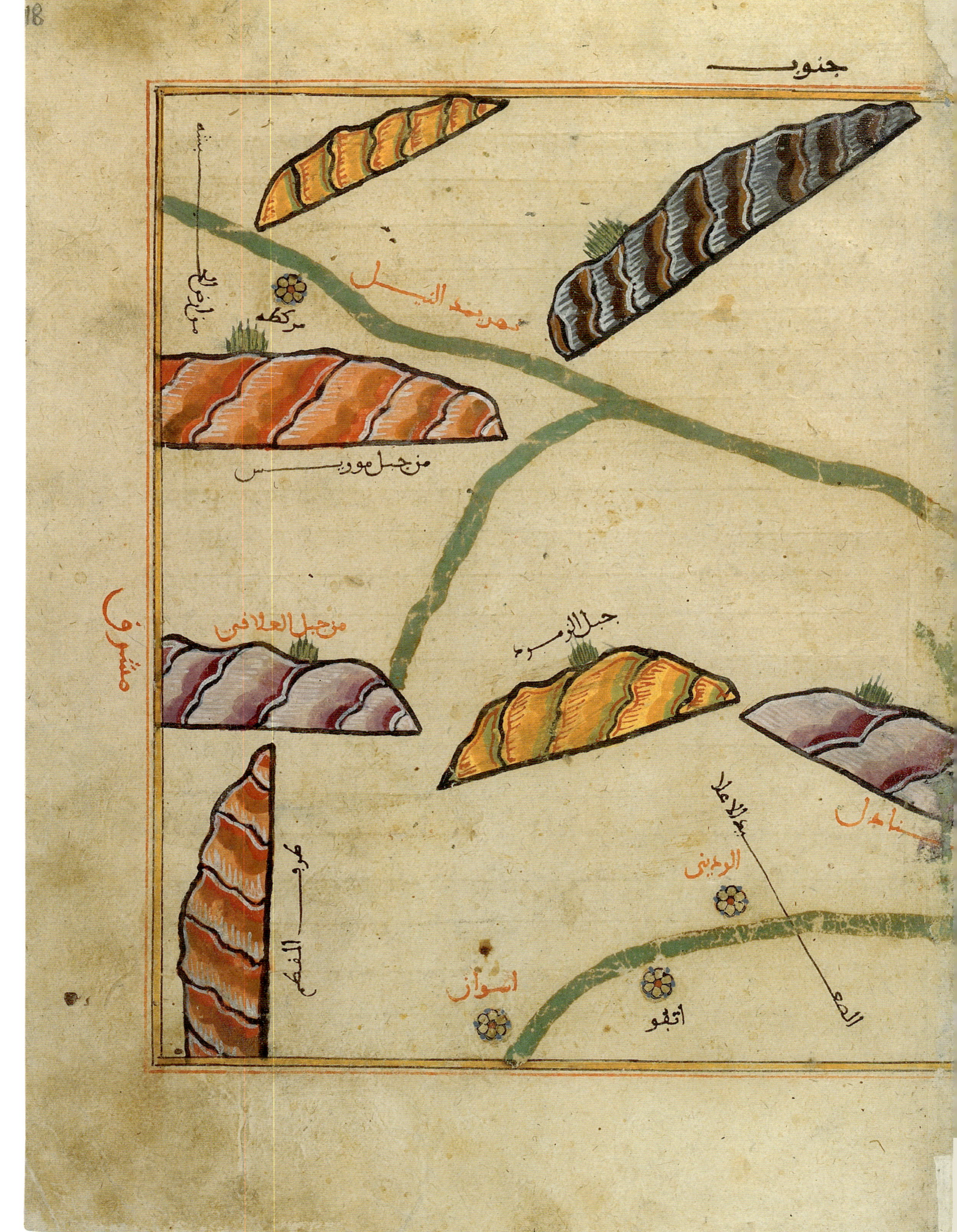

جنوب
مركطه
من جبل العلاقي
جبل الزمرد
مشرق
اسوان
اتفو

جبل القمر
الجزء الرابع من الاقليم الاول
نيل السودان
دنقلة
نيل مصر
علوة
يلاق
مغرب
الواحات الداخله
شمال

Eine Weltkarte für Roger II. von Sizilien

In seiner Einleitung zur *Unterhaltung* schreibt al-Idrīsī die Initiative zum Projekt, die Welt zu kartographieren, Roger zu. Der Herrscher, „den Allah verherrlicht hat, König von Sizilien, Italien, der Lombardei und Kalabrien", der sich in Mathematik und Mechanik auskannte, habe die Geographie jener Länder erfassen wollen, die unter seine Herrschaft gefallen waren:

> Als die Provinzen seines Landes sich ausdehnten und der Ehrgeiz seines Hofes wuchs und als die Länder der Europäer und ihre Völker unter seine Herrschaft gerieten, wünschte er, dass er die Einzelheiten seiner Besitztümer genau kannte und sie mit klarer Kenntnis beherrschte, dass er außerdem die Grenzen und die Wege seiner Ländereien kannte, zu Lande und zu Wasser, und in welchem Klima sie lagen, und die Meere und Buchten, die in ihnen zu finden sind, ebenso wie Wissen über andere Länder und Regionen in den sieben Klimata und der Staaten, die zu jedem Klima gehören, so wie kundige Quellen es übereinstimmend belegen und die Archive der Überliefernden und Autoren es bestätigen.[7]

Laut al-Idrīsī gab den Anstoß zu dem Projekt die Expansion von Rogers Herrschaftsgebiet. Gegen Ende seiner Regierungszeit eroberte Roger einige neue Territorien, indem er erst – einer päpstlichen Exkommunikation zum Trotz – seine Autorität über Kalabrien festigte und anschließend mehrere Städte an der nordafrikanischen Küste einnahm, darunter 1148 die einstige Fatimidenhauptstadt Mahdia. Trotz dieser Expansion bildete sein Königreich aber keineswegs ein globales Imperium. Dennoch scheinen sich Rogers Ziele nach den Worten al-Idrīsīs in unerwarteter Weise von dem Projekt, seine eigenen Ländereien zu kartographieren, zu einer Kartierung der Welt verschoben zu haben. Um exakte Kenntnis aller sieben Klimata zu gewinnen, sammelte Roger Wörterbücher und Gelehrte, war dann aber mit ihnen unzufrieden, sodass er nach Art eines Herrschers über ein Großreich Reisende in alle Winkel der Welt aussandte. Nach dem Bericht al-Ṣafadīs aus dem 14. Jahrhundert war jedem Reisenden ein Zeichner beigestellt, der die Beobachtungen festhielt, die beide mit eigenen Augen machten.[8]

Ziel dieser Sammlung geographischer Daten war die Schaffung einer Weltkarte, erst als Entwurf, dann als Silbergravur. Al-Idrīsī berichtet uns, Roger habe sich entschieden, die Entfernungsdaten zwischen den einzelnen Ländern auf einem Zeichenbrett zusammenzutragen, auf dem die Orte der Welt mit eisernen Präzisionsmesswerkzeugen eingezeichnet wurden. Sobald Roger mit der Karte auf dem Zeichenbrett zufrieden war, ließ er sie auf ein anderes Medium übertragen:

Neunter Abschnitt des Sechsten Klimas mit Zentralasien und Sibirien. Aus al-Idrīsīs *Unterhaltung für jenen, der sich danach sehnt, die Welt zu bereisen*, Abschrift von 1553. Bodleian Library, University of Oxford, MS. Pococke 375, foll. 304–305.

Folgende Doppelseite: Sechster Abschnitt des Ersten Klimas mit dem Golf von Aden. Aus al-Idrīsīs *Unterhaltung für jenen, der sich danach sehnt, die Welt zu bereisen*, Abschrift ca. 1400. Bodleian Library, University of Oxford, MS. Greaves 42, foll. 26b–27a.

> Er befahl, eine große, schwere Scheibe aus reinem Silber zu fertigen, die 400 römische Ratls wog, jeder Ratl zu 112 Dirham [1 Dirham = 3 Gramm]. Als sie bereit war, wies er die Handwerker an, auf ihr das Bild der sieben Klimata einzugraben, samt ihren Ländern und Regionen, ihren Küstenverläufen und Hinterländern, Buchten und Meeren, Wasserläufen und Flüssen, bewohnten und unbewohnten Gebieten, dazu die genutzten Verkehrswege, die Abstände in Meilen, die bestätigten Reiselängen und die bekannten Häfen zwischen einem Ort und dem nächsten. Er befahl, dies solle genau nach den Angaben auf dem Zeichenbrett geschehen, ohne im Mindesten von seiner Form und Gestalt abzuweichen, so wie er es für sie gezeichnet hatte.[9]

Diese auf eine schwere Silberscheibe gravierte Weltkarte ist nicht erhalten. Wie sie am Ende gebraucht wurde, sagt al-Idrīsī nicht, aber sie muss für repräsentative Zwecke bestimmt gewesen sein. Auch andere Herrscher in Europa wie in der islamischen Welt besaßen Karten

جنوب
مشرق
جزيرة سقوطرى
جزيرة خرتان
جزيرة مرتان
مرباط
حاسك
شرمه
لسعا
ابين
تريم
شبام
ارض حضرموت
بلاد عاد

الجزء السادس من الاقليم الاول
من ارض بربره
جزيره قنبلا
عدن
زبيد
صنعا
من ارض تهامه
شمال

Fünfter Abschnitt des Dritten Klimas mit Palästina und Syrien aus Sharīf al-Idrīsīs *Unterhaltung für jenen, der sich danach sehnt, die Welt zu bereisen*, Abschrift von 1553. Die Karte ist nach Süden ausgerichtet, doch erscheint Palästina als langgezogenes Band auf einer Ost-West-Achse. Bodleian Library, University of Oxford, MS. Pococke 375, foll. 123b–124a.

auf teuren Materialien, die ihre Paläste schmückten. Eine derartige Weltkarte, 964 für den Fatimidenkalifen al-Muᶜizz geschaffen, war auf einem kostbaren Goldgewebe angebracht. Al-Maqrīzī, ein Autor des 15. Jahrhunderts, berichtet: „Sie zeigte das Bild der Klimata der Erde und deren Berge, Meere, Städte, Flüsse und Wege ähnlich der *Geographie* [des Ptolemäus]. Außerdem vermerkte sie Mekka und Medina in herausgehobener Weise. An jeder Stadt, jedem Berg, Land, Fluss, Meer und Weg stand der Name in Gold, Silber oder Seide geschrieben.“[10] Auch diese fatimidische Weltkarte hat nicht überlebt; sie wurde von aufständischen Truppen erbeutet, die 1068 den Kalifenpalast in Kairo plünderten.

Al-Idrīsīs zum Klassiker gewordene Weltkarte in Kreisform ist höchstwahrscheinlich eine Miniaturversion der verschollenen Silbergravur, die für Roger angefertigt wurde. Die Einleitung zur *Unterhaltung* gibt weder Hinweise noch Erklärungen zu dieser runden Karte,

die nur in einigen der erhaltenen Abschriften des Werkes zu finden ist. Einige Gelehrte haben sogar die These aufgestellt, die uns überlieferte runde Weltkarte könne gar nicht von al-Idrīsī stammen, sondern aus einer weiteren, uns unbekannten Kartentradition. Dafür spricht das überraschende Erscheinen einer Kopie der gleichen runden Weltkarte im fatimidischen *Buch der Merkwürdigkeiten*, das im 11. Jahrhundert entstand und um 1200 abgeschrieben wurde. Wenn man jedoch die Wahrscheinlichkeiten gegeneinander abwägt, dürfte die runde Weltkarte dennoch ein fester Bestandteil von al-Idrīsīs Werk gewesen sein. Wie die Silberscheibe hebt auch sie die sieben Klimata hervor, die hier mit dicken roten Linien eingetragen sind, dazu die physische Topographie der Küstenverläufe und Flüsse. Außerdem gibt es charakteristische Merkmale, die die Weltkarte mit dem Rest der Abhandlung verbinden, etwa die erhöhte Präzision der europäischen Küstenverläufe und ein westlicher Arm des Nils, der in den Atlantik strömt. Außerdem erklärt die Annahme, dass die Weltkarte ihren Ursprung in der Silberscheibe hat, den ausgefeilten Verlauf der Linien und die Harmonie des Bildes; dies ist eine Karte für einen König.

Nachdem die Silberscheibe fertig graviert war, beauftragte Roger al-Idrīsī mit dem Verfassen eines Buches, das die Weltkarte erklären und vertiefen sollte. Wie uns al-Idrīsī berichtet, geschah dies im Schawwāl 548 des islamischen Kalenders, umgerechnet im Januar 1154, also einen Monat vor Rogers Tod. Anscheinend ist der Auftrag zur *Unterhaltung* einer der letzten Wünsche eines Sterbenden gewesen. Al-Idrīsī selbst erzählt, erst von da an sei er unmittelbar am Projekt beteiligt gewesen. Roger hatte den Plan zur Kartierung der Welt angestoßen, ihre Umrisse auf ein Zeichenbrett gebracht und die Gravur in Auftrag gegeben, wohl um sie zur Schau zu stellen. Auf dem Totenbett bat er nun al-Idrīsī um ein Buch, das alles festhielt, was nicht in eine einzelne Weltkarte passte.[11]

Inhaltliche Besonderheiten

Während al-Idrīsī eine in Silber gravierte Weltkarte vor sich hatte, stand er vor dem Problem, wie er die Details jeder bewohnten Region darstellen sollte – dem Problem aller, die einen Atlas erstellen. Die meisten hatten sich – wie vor ihm al-Iṣṭakhrī – dafür entschieden, die Welt in physische Untereinheiten zu zerlegen, etwa in Kontinente oder politische Gebilde. Die originelle Lösung al-Idrīsīs bestand darin, sich um physische oder politische Grenzlinien nicht zu kümmern und die Welt stattdessen in einheitlich große Quadrate zu zerlegen, die sich aus einem angenommenen Gitternetz ergaben. Sein Ausgangspunkt war die Einteilung der bewohnten Welt in sieben Klimata oder Zonen geographischer Breite, die er auf der Weltkarte vorfand. Da jedes Klima von Osten nach Westen verlief und alle 180 Längengrade des als bewohnt geltenden Teiles der Welt umfasste, war es immer noch zu groß für eine zusammenhängende Darstellung. Also unterteilte al-Idrīsī jedes Klima noch weiter in zehn Längenabschnitte, die jeweils für exakt 18 Grade standen, vom westlichsten Abschnitt jedes Klimas aus nach Osten fortschreitend. Daraus ergibt sich, dass jedes der sieben Klimata in zehn Teilkarten wiedergegeben ist, zusammen also 70 Karten, jede davon gleich lang und breit und jede mit einem angehängten Bericht in Textform, der die bildliche Wiedergabe ergänzt und vertieft.

Diese einheitliche, modulare Methode, die Welt darzustellen, beruht auf der mathematischen Geographie, und al-Idrīsī verweist ausdrücklich auf Ptolemäus. Er nennt die *Geographie* als seine Hauptquelle für das Verständnis der physischen Charakteristika der Erde und ihrer Stellung im Universum. Tatsächlich hat al-Idrīsī nicht den Originaltext von Ptolemäus benutzt, sondern eine Bearbeitung, wahrscheinlich dieselbe, wie sie mehrere Jahrhunderte vor ihm auch al-Khwārizmī in Bagdad verwendet hatte. Während dessen Bezugsrahmen jedoch aus der mathematischen Geographie abgeleitet ist, verzichtete al-Idrīsī weitgehend darauf, Längen- und Breitenkoordinaten anzugeben und erstellte seine Karten eindeutig nicht aus Koordinatenpaaren.[12] Vielmehr war er daran interessiert, den ptolemäischen Bezugsrahmen – abgeleitet aus einem inzwischen 1000 Jahre alten Text – mit neueren Informationen aus dem umfangreichen Korpus der arabisch-islamischen Geographieschriften der letzten Jahrhunderte zu vereinbaren. Anscheinend hat er fast alle davon gelesen, nicht nur jene, die wie Ibn Ḥauqal mit dem Mittelmeerraum eng vertraut waren, sondern auch Autoren vom östlichen Rand der islamischen Welt. Und, so sagt Brotton mit Recht, er machte bei jedem Anleihen, kam aber stets zu eigenen Schlussfolgerungen.[13]

Ein interessantes Beispiel für al-Idrīsīs Synthese des ptolemäischen Bezugsrahmens mit Informationen der islamischen Zeit ist seine Darstellung der Nilquellen, die seine Karte für den vierten Abschnitt des Ersten Klimas zeigt (siehe Abb. auf S. 98–99). Wie auf allen 70 Teilkarten bilden auch hier die Kartenränder die Grenzen des Gitternetzes. Da es sich um das Erste Klima handelt, verläuft der Äquator am oberen Rand der Karte, die nach Süden orientiert ist, während die Linie an der Nordgrenze des Ersten Klimas unten liegt. Die Ostgrenze des Längenabschnitts befindet sich dementsprechend links und die westliche rechts. Das markanteste und vertrauteste Element auf dieser Karte ist das Mondgebirge, das südlich vom Äquator liegt, also außerhalb des Gitternetzes. Ebenfalls vertreten ist das dreiteilige Seensystem, das al-Khwārizmīs Nilkarten beherrscht, dazu ein östlicher (von links kommender) Zufluss, dessen Zusammenfluss mit dem Hauptarm des Nils eine große Insel schafft. All diese Einzelheiten entstammen spätantikem, vorislamischem Material.

Es gibt jedoch auch zwei neue, aufeinander bezogene Elemente in al-Idrīsīs Darstellung der Nilquellen, die sich beide oben rechts auf der Karte befinden. Das eine besteht darin, dass der See am Ursprung des Nils die Quelle eines weiteren Flusses ist, eines Nilarms, der nicht auf Ägypten, sondern auf Westafrika zufließt. Die zweite Neuerung liegt in einem großen diagonalen Berg, der in den See an der Nilquelle hineinragt und mit „Berg, der den Nil teilt" beschriftet ist. Keine von beiden Einzelheiten ist in dieser Form in älteren Quellen bezeugt, und es scheint sich bei ihnen um al-Idrīsīs Lösung für widersprüchliche Angaben zu den Nilquellen zu handeln. Einerseits blieb er dem ptolemäischen Modell eines Mondgebirges an der Nilquelle treu. Andererseits wusste er von arabischen Geographen, die über einen westlichen Zufluss des Nils berichteten, der aus Sanddünen in Westafrika floss (tatsächlich handelte es sich um die Folge eines alten Missverständnisses zum Verlauf des Niger). Ebenso kannte er ägyptische Lokaltraditionen, wonach der Berg an der Nilquelle überhaupt nicht das Mondgebirge sei, sondern ein anderer Berg, dessen Schnee durch sein Schmelzwasser in jedem Frühling den Nil speise.

Keinen dieser Berichte verwarf al-Idrīsī, sondern er passte sie so an, dass sich eine zusammenhängende Lösung für die Widersprüche zwischen ihnen ergab. Der schneebedeckte Berg, den ägyptische Gewährsmänner nennen, wird aus einer Nilquelle in eine Barriere umgeformt, die den Nil an seinem Ausgangspunkt spaltet. Der Berg teilt den Nil in den westlichen Nil, Nīl al-Sūdān, und in den Hauptarm des Nils mit Richtung Norden. Aus dem westlichen Zufluss des Nils, der laut arabischen Geographen aus Sanddünen in Westafrika entstand, wird ein westlicher Nilarm, der aus Zentralafrika nach Westen verläuft. Dieses neue Modell der Nilquellen sollte das komplette mittelalterliche Verständnis der afrikanischen Flusssysteme verändern. Wenn wir noch einmal auf die kreisförmige Weltkarte schauen, können wir genau erkennen, wie die diagonale Gebirgskette den See am Ursprung des Nils in den ägyptischen und den westafrikanischen Arm teilt. Dieser imaginäre Westarm des Nils war al-Idrīsīs eigene kartographische Erfindung und sollte islamische wie europäische Karten jahrhundertelang prägen.

Ein weiteres Beispiel für die Vermischung neuer geographischer Inhalte mit alten stammt ebenfalls vom Rand der bewohnten Welt, diesmal aus den nordöstlichen Regionen Zentralasiens und Sibiriens, die im neunten Abschnitt des Sechsten Klimas dargestellt sind (siehe Abb. auf S. 100–101). Diese Teilkarte dominiert die Sperre, die Alexander der Große errichtet hat, um die Völker Gog und Magog einzuschließen. Diese mythischen Stämme sind durch zwei Aufschriften ganz links (östlich) auf der Karte angesiedelt, dicht am Ufer zweier Flüsse, die auf das Sperrgebirge zufließen. Wieder ist al-Idrīsī hier vorislamischen Traditionen verpflichtet, speziell dem Alexanderroman. Doch auf der anderen Seite, der Westseite der Mauer, bezieht sich eine Aufschrift auf die höchst realen türkischen Ghuzz-Stämme, die die östliche Steppe bewohnten. Zwar bleibt ein Großteil der Oststeppe und Sibiriens ein weißer Fleck, aber al-Idrīsī kann einen Teil des Raums mit Ethnien und exotischen Orten füllen. So wie bei seiner

Folgende Doppelseite: Zweiter Abschnitt des Sechsten Klimas mit Nordfrankreich und der Südküste Englands. Aus Sharīf al-Idrīsīs *Unterhaltung für jenen, der sich danach sehnt, die Welt zu bereisen*, Abschrift von 1553. Bodleian Library, University of Oxford, MS. Pocock 375, foll. 281b–282a.

طا مطرس
نهر دنو
بزله
صربای
سروي

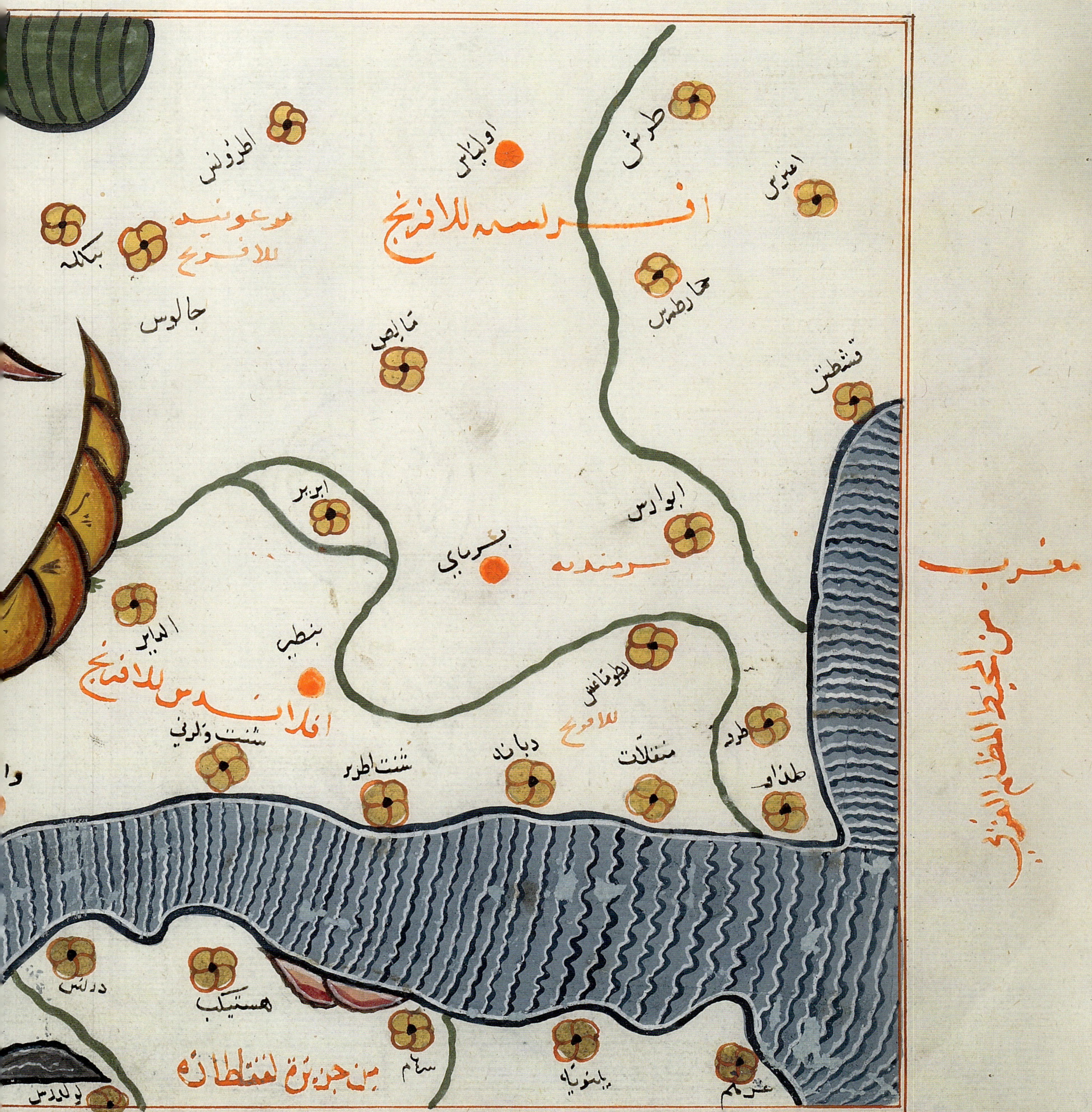

افرنسه للافرنج
جالوس
مغرب

جزیره رسلانده

الجزو الثاني من الاقليم السابع

Wiedergabe der Nilquellen handelt es sich auch bei dieser Teilkarte um eine vergrößerte Version der wichtigen Stellen auf der runden Weltkarte. Kehren wir noch einmal zu ihr zurück, können wir dort die Völker Gog und Magog in der Nordostecke Asiens (unten links) eingesperrt sehen, durch eine imposante Bergkette von der Menschheit getrennt.

Auf festerem Boden bewegte sich al-Idrīsī, wenn er in gemäßigte Zonen wechselte, und besonders gute Voraussetzungen besaß er für die Darstellung von Meeresgebieten, wie die Karte des Golfs von Aden zeigt (siehe Abb. auf S. 102–103). Hierbei handelt es sich um den sechsten Abschnitt des Ersten Klimas, an dessen oberem Rand der Äquator verläuft. Er zeigt oben die ostafrikanische Küste, der in der unteren Hälfte die Südküste Arabiens gegenüberliegt. Hervorstechender Zug der Karte ist die rote, halbkreisförmige Bergkette, die etwas rechts von der Kartenmitte den Hafen Aden an der arabischen Küste umgibt. Wir haben schon gesehen, wie rund ein Jahrhundert später der Reisende Ibn al-Mudschāwir die Topographie dieses großen Knotenpunkts für den Handel einzufangen suchte. Al-Idrīsī gelingt es hier nicht nur, den Schutz sichtbar zu machen, den Aden durch das umgebende Gebirge erhält, sondern es auch in seinen Kontext im Indischen Ozean zu stellen. Der Verlauf besonders der arabischen Küste ist gewunden und deutet Halbinseln und vorgelagerte Inselchen an. Die beiden großen Inseln, die eingetragen sind, Sokotra und Pemba, sind zwar an der falschen Stelle und übergroß dargestellt, doch ist immerhin versucht worden, ihnen individuelle Form zu verleihen – diese Inseln sind keine schlichten Kreise mehr. Das Meer selbst ist mit einem Muster aus Linien, Punkten und Kreisen bedeckt, wie es für die meisten erhaltenen Abschriften von al-Idrīsīs Karten typisch ist.

Als Einwohner des westlichen Mittelmeerraums kannte sich al-Idrīsī gut mit dem Meer aus. Anders als der Autor des *Buches der Merkwürdigkeiten* ordnete er zwar seine Karten nicht nach Wasserkörpern an, doch seine Karten und die begleitenden Texte verraten seinen Sinn für die Bedeutung der Schifffahrt. Es ist typisch, dass Inseln im Mittelmeer und im Indischen Ozean übergroß und in eigenen Formen erscheinen und dass die Küstenverläufe große Halbinseln einschließen. Häufig nennt der Text Distanzen über See, meist in der Maßeinheit Reisetage. Entfernungen entlang der Küsten werden sowohl in geraden Strecken zwischen den beiden Enden einer Bucht wie auch als entlang der Küste einer Bucht gemessene Entfernung angegeben. Außerdem gibt al-Idrīsī Informationen über vorherrschende Winde, und manchmal beziehen sich die arabischen Windbezeichnungen auf die bei europäischen Seefahrern gebräuchlichen Windrosen, etwa *schalūq* (*scilocco*) und *al-libādsch* (*libeccio*), oder auf eng verwandte Synonyme im Italienischen, das unter Mittelmeerfahrern üblich war.[14]

Al-Idrīsī schrieb die *Unterhaltung* zur Zeit der Kreuzzüge, als italienische Schiffe lateinische Kämpfer transportierten, die Jerusalem der muslimischen Herrschaft entreißen wollten.

Vorausgehende Doppelseite: Zweiter Abschnitt des Siebten Klimas mit Nord- und Westengland. Aus al-Idrīsīs *Unterhaltung für jenen, der sich danach sehnt, die Welt zu bereisen*, Abschrift von 1553. Oxford liegt oben (südlich) auf der Karte. Bodleian Library, University of Oxford, MS. Pococke 375, foll. 310b–311a.

Dieser muslimische Autor schrieb in arabischer Sprache am Hof eines christlichen Königs, der selbst ein glühender Kreuzfahrer war, dessen Vettern sich in Syrien und Palästina aber einen Namen als Kreuzfahrer gemacht hatten. Doch al-Idrīsīs Karte des Heiligen Landes, das im Mittelpunkt des fünften Abschnitts des Dritten Klimas erscheint, verrät von diesen religiösen Spannungen fast nichts (siehe Abb. auf S. 104/105). Zwar ist die Karte wie üblich nach Süden orientiert, aber ihre Anordnung ist verwirrend. Palästina erscheint als langgezogenes Band in Ost-West-Richtung, das zwischen dem Mittelmeer unten und dem Roten Meer oben eingezwängt ist. Die Städte entlang der Mittelmeerküste sind gut erkennbar; eine tiefe Bucht zeigt den wichtigsten Kreuzfahrerhafen Akkon an, der der Insel Zypern am unteren Kartenrand gegenüberliegt. Der kleinere See im Binnenland ist der See Genezareth, der größere das Tote Meer – hier irrtümlich in Grün für Süßwasser gefärbt, in anderen Abschriften jedoch in Blau, das für Salzwasser steht.

Jerusalem liegt rechts der beiden Seen nahe am Kartenzentrum, eingeschlossen von Bergen und vom Jordan. Nichts auf der Karte deutet an, dass es besondere religiöse Bedeutung besitzt. Der einzige mögliche Bezug auf die biblische Vergangenheit besteht im Grab Abrahams (also Hebron), das gleich über Jerusalem angegeben ist, eng eingefasst durch einen orangefarbenen Gebirgszug. Im Text schildert al-Idrīsī in neutralem Tonfall die Gründung der Stadt durch Salomo, ihre Einnahme durch die Muslime und den Bau der Aqsa-Moschee, dann ihre Eroberung 1099 durch die europäischen Christen, die sie weiterhin besäßen. In den übrigen Teilkarten reiht sich auch Mekka in dieselbe einheitliche Ikonographie ein. Al-Idrīsīs Identität als Muslim steht zwar nie in Frage, hier wie überall „sträubt er sich jedoch, islamische oder christliche Ansprüche auf die Weltherrschaft zu stützen".[15]

Die einzige Hauptstadt einer Religion, die etwas ausführlicher behandelt wird, ist ironischerweise Rom. Al-Idrīsīs Schilderung Roms räumt der päpstlichen Autorität über die gesamte Christenheit viel Platz ein, was überrascht, wenn man bedenkt, wie hartnäckig Roger sich über mehrere päpstliche Exkommunikationen hinwegsetzte, ganz zu schweigen von der Haltung des Papstes zum Islam. Zwar war al-Idrīsī nicht der erste arabische Geograph, der über Westeuropa schrieb, wohl aber der bei weitem kenntnisreichste.[16] Der Großteil seiner Informationen stammte nicht aus Büchern, sondern von Reisenden und Geistlichen, die sich am normannischen Hof aufhielten. Die einzige lateinische Quelle, die er erwähnt, ist Paulus Orosius, ein Gelehrter des 5. Jahrhunderts von der Iberischen Halbinsel, der ein Werk über die Geschichte der römischen Welt bis zum Aufstieg des Christentums mit einem geographischen Exkurs verfasst hatte, welcher mit seinen biblischen Bezügen zu al-Idrīsīs Zeiten kaum noch aktuell war.

Weiter im Norden belegt die Karte zum zweiten Abschnitt des Sechsten Klimas, die Nordfrankreich und die Südküste Englands darstellt (siehe Abb. auf S. 108–109), recht genaue Kennt-

Folgende Doppelseite:
Dritter Abschnitt des Vierten Klimas: Sizilien. Aus al-Idrīsīs *Unterhaltung für jenen, der sich danach sehnt, die Welt zu bereisen*, Abschrift von 1553. Bodleian Library, University of Oxford, MS. Pococke 375, foll. 187b–188a.

مالطة
عودش
كنانه
عوص
سكله
سرقوسه
لوطس
جبل النار
جبل النار

الجزء الثالث من الاقليم الرابع
قليطمه
الرهب
اليابسه
برطين
سردانيه
قبره
برشلونه
ربونه
من ارض عشكونيه
جزيره
فرقشونه

nisse über die Gestalt der Küsten, und eindrucksvoll korrekt ist die Lage der einzelnen Städte zueinander. Auf dem rechten Blatt erscheint in der Mitte Paris (Ibrīz) als vergrößerte Insel in der Seine. Auch Lüttich (Biyādscha = „Liège") ist auf dem linken Blatt zutreffend am Zusammenfluss zweier Flüsse wiedergegeben. Die heutigen belgischen Städte Tournai, Brügge und Gent haben ebenfalls die richtige relative Position. Rote Schrift steht für regionale Ethnien. Die große rote Beschriftung oben rechts verweist auf die Franzosen (Ifransa) als Teil der Franken, die rote Aufschrift unter (nördlich von) Paris auf eine weitere Teilgruppe der Franken, die Flamen. Die rote Schrift bei Lüttich bezieht sich auf die Lotharingier als Teil der Deutschen.[17]

Unten auf der Karte erscheint die Südküste Englands. Zwar hatte eine andere Normannengruppe England 1066 erobert, doch al-Idrīsīs Quelle für seine Beschreibung der Insel scheint ein französischsprachiger Seefahrer gewesen zu sein, der mit der englischen Küste zwischen Dartmouth und Grimsby zwar gut vertraut war, weniger dagegen mit dem Landesinneren, und der London oder die Südwestküste niemals besucht hat. Das Inqlitirra (vom französischen „L'Angleterre") genannte England ist im Text als fruchtbare Insel beschrieben, deren Form „an den Kopf eines Straußes erinnert" und deren Bewohner „kühn, entschlossen und umsichtig sind".[18] Die dem Festland am nächsten gelegene Stadt auf der Karte, nahe am Zentrum des Doppelblatts, ist natürlich Dover („Dubris" geschrieben). Nach Westen erscheinen entlang der Küste Hastings, Shoreham, Southampton (Hantuna) und Wareham. London (Londres) befindet sich am unteren Rand der Karte und ist im Text als 40 Meilen landeinwärts von Dover gelegen beschrieben.

Der Rest der Insel findet sich auf einer Karte zum zweiten Abschnitt des Siebten Klimas (siehe Abb. auf S. 110–111), die erst viel später im Text vorkommt. Ein Leser, der ein zutreffendes Bild von England gewinnen möchte, muss viele Seiten überblättern, um dorthin zu kommen. Darin besteht eins der Probleme von al-Idrīsīs Einheitsnetz, das sich über natürliche Regionen und politische Einheiten hinwegsetzt. Eine weitere Schwierigkeit bildet die unökonomische Ausnutzung des Raums auf der Karte. Die einheitlich rechteckigen Gitternetze verzerren die Erdkrümmung und ziehen die Abschnitte der ohnehin dünn besiedelten nördlichen Klimata unnatürlich in die Länge. Somit wirkt der Norden noch menschenleerer, als er sowieso schon ist, und auf dieser Karte von Englands Norden gibt es eine Menge Freiflächen. Die sonderbar geformte kleine Halbinsel am unteren Ausläufer der Insel ist Schottland (Scosia), ein leerer Raum, dem jede menschliche Besiedlung fehlt. Genau so ist Schottland auch im Text beschrieben. Die große unbewohnte Insel am unteren Kartenrand, nord-östlich von Schottland, heißt „Rislanda" – vielleicht Island, angesichts der Position auf der Karte möglicherweise auch die übertrieben großen Orkney-Inseln. Die Städte im Westen Englands, rechts in der Nähe der grünen Wasserfläche, sind Winchester und Salisbury. Die rote Aufschrift in der Mitte der Hauptinsel lautet „Insel Inqlitirra“. Und die Stadt im Binnenland gleich über dem roten Schriftzug, die an einem nach Süden fließenden Gewässer liegt, heißt „Ghurkfurt“ – zweifellos Oxford, die kleine Stadt am Ende der bewohnten Welt, wo die Abschrift, zu der diese Karte gehört, schließlich als Teil der Schätze der Bodleian Library endete.

Viel vertrauter war al-Idrīsī mit Sizilien selbst, das im dritten Abschnitt des Vierten Klimas inmitten seines Archipels samt der charakteristischen Dreiecksgestalt erscheint; links zeigt sich die Stiefelspitze Kalabrien, rechts Sardinien (S. 114–115). Anders als die Sizilienkarte im *Buch der Merkwürdigkeiten* ist dies keine abstrakte Darstellung, sondern sucht die Topographie der Insel als Ganzes ebenso festzuhalten wie ihre markante Form. Die wichtigsten Flüsse und Erhebungen sind in zwar stilisierter, aber erkennbarer Form angegeben. Korrekt erscheint der Ätna, dargestellt durch eine purpurrote Bergkette, nahe an der Nordostecke des sizilianischen Dreiecks. Ein ähnlich geformter Berg in Purpur gibt dicht unter (nördlich von) Sizilien die Insel Vulcano an. Wie auf al-Idrīsīs Karten üblich sind Inseln wie Malta, auf der Karte oben links, übergroß und individualisiert, was die Wichtigkeit der Schifffahrt unterstreicht. Auf Sizilien selbst sind rund 25 große und kleine Städte – mit zwei Ausnahmen im Landesinneren alle an der Küste – markiert, durchweg mit Rosetten. Palermo ist angegeben, jedoch als eine Stadt unter vielen, und keinerlei Aufmerksamkeit gilt den Befestigungen dieser oder irgendeiner anderen Stadt. Sogar Sizilien selbst, obwohl es dem Leser vertrauter ist, erscheint gleichwohl als eine Insel wie jede andere; das einheitliche Gitternetz, durch das die Welt gesehen wird, ist nur minimal durchbrochen.

Wir können al-Idrīsīs 70 Teilkarten nebeneinander legen und auf der Basis seines Gitters eine rechteckige Welt konstruieren. In der Moderne hat dies der deutsche Historische Geograph Konrad Miller versucht, der 1928 ein Kartenmosaik schuf, das zeigt, wie die Teilkarten nebeneinander aussehen würden, gestützt auf je eine Abschrift in Paris und in der Bodleian Library (folgende Doppelseite). Dieses Kartenmosaik, das durch moderne Produktionsverfahren möglich wurde, lässt uns die Verbindungen zwischen den Teilkarten viel leichter erkennen und die Fülle der Informationen wie auch die ehrgeizigen Ziele von al-Idrīsīs Projekt erst richtig schätzen. In jüngerer Zeit hat die Bodleian Library Factum Arte damit beauftragt, einen zusammengesetzten Digitalscan der 70 Regionalkarten zu erstellen. Das ist jedoch nicht die Art, in der wir nach dem Willen al-Idrīsīs seine Karten betrachten sollen. Sein Projekt hat erst begonnen, als Rogers Weltkarte schon gezeichnet und auf eine Silberscheibe graviert war, und sein Auftrag bestand nicht darin, eine neue zu konstruieren. Wir sollten uns die Teilkarten als Versuch denken, ein schon bestehendes Weltbild zu erweitern, so als ob al-Idrīsī systematisch mit einer Lupe über die runde Weltkarte gleiten würde, Abschnitt für Abschnitt und Quadrat für Quadrat.

Folgende Doppelseite:
Das Kartenmosaik vermittelt einen Eindruck, wie al-Idrīsīs 70 Teilkarten zusammengefügt ausgesehen hätten. Es beruht auf zwei Manuskripten, je eines davon in Paris und in der Bodleian Library. Erstellt von Konrad Miller 1928. Bodleian Library, University of Oxford, B1 (135), drei große Einzelblätter.

X.
IX.
VIII.
VII.
VI.
I.
II.
III.
IV.
V.
VI.
VII.
Charta Rogeriana
WELTKA

V.
IV.
III.
II.
I.
IDRISI vom Jahr 1154 n.Ch.

Albania
Bactria
Georgia
Anglia
Scotia

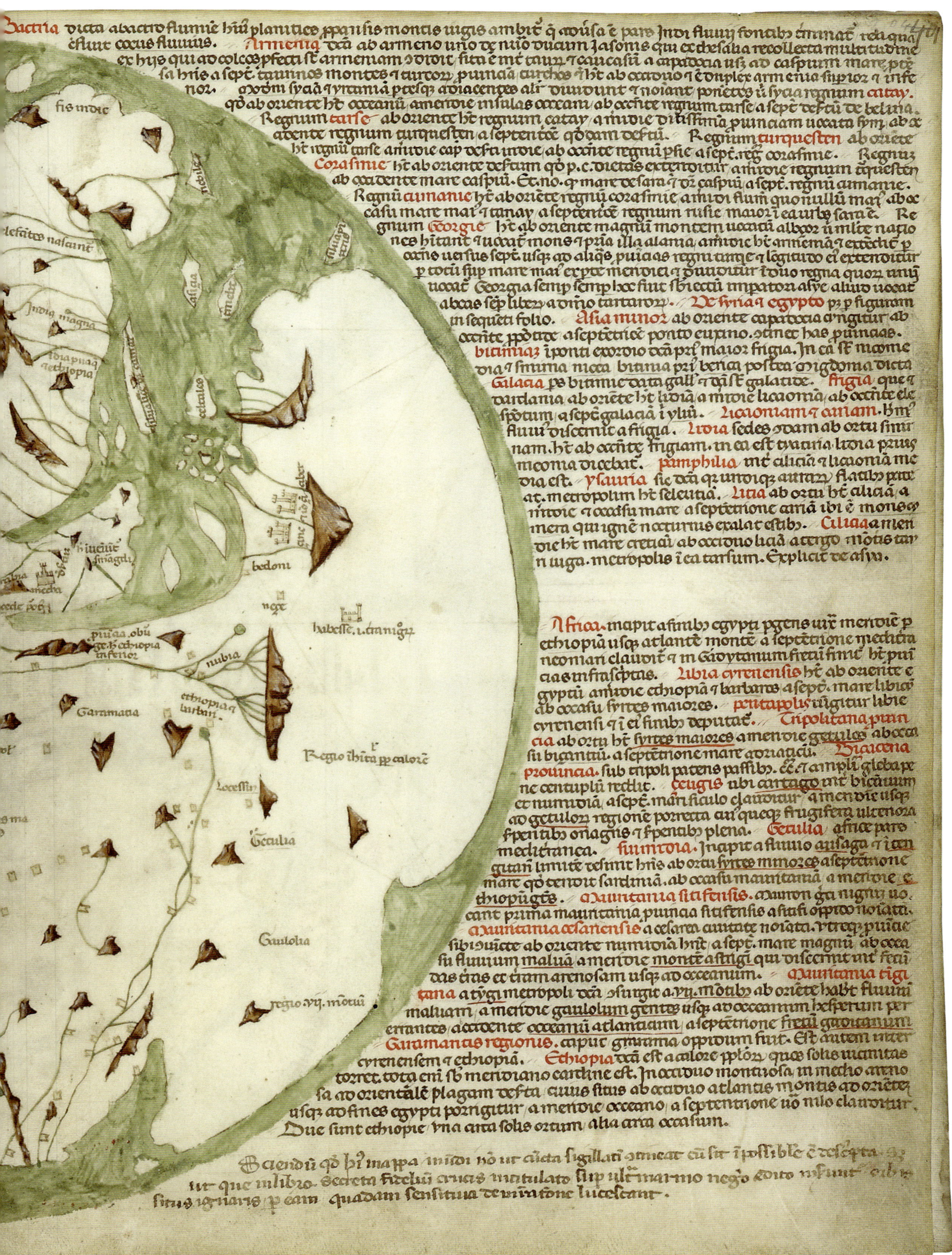

nubia
Garamantia
Getulia
Gaulolia
bedoni

Vorausgehende Doppelseite: Weltkarte des Genueser Kartographen Pietro Vesconte von 1321. Bodleian Library, University of Oxford, MS. Tanner 190, foll. 203v–204r.

Al-Idrīsī vollendete die *Unterhaltung* samt ihren Karten irgendwann um 1158. Roger war schon lange tot, und sein Nachfolger war sein Sohn Wilhelm I., auch bekannt als Wilhelm der Böse, der das Interesse seines Vaters an den Wissenschaften teilte und mehrere Übersetzungen wissenschaftlicher Abhandlungen aus dem Griechischen und Arabischen ins Lateinische förderte. Wie die *Unterhaltung* an Wilhelms Hof aufgenommen wurde, dafür gibt es keine Hinweise. Sie ist damals nicht ins Lateinische übersetzt worden, wäre also für eine zunehmend einsprachige Verwaltung nur begrenzt nützlich gewesen. Ohnehin neigte sich die Zeit des multireligiösen Experiments im normannischen Sizilien dem Ende zu. Im Lauf der nächsten Jahrzehnte büßten die griechisch- und arabischsprachigen Mitglieder der Elite ihre Stellung am Hof ein. In den 1220ern vertrieb man nach einem großen Aufstand die muslimischen Gemeinden Siziliens nach Lucera auf dem italienischen Festland, womit für den Rest des Mittelalters die muslimisch-arabische Präsenz auf der Insel praktisch endete.

Dennoch muss eine Version der runden Weltkarte in Italien zirkuliert haben und hat den Europäern des Mittelalters zu neuen Sichtweisen auf die Geographie der Welt verholfen. 1321 schenkte Marino Sanudo, ein venezianischer Kaufmann, der sich für ein Wiederaufleben der Kreuzzüge einsetzte, dem Papst ein Buch mit dem Titel *Geheimnisse für wahre Kreuzfahrer*. Diese Abhandlung bestand teils aus biblischer Geschichte, teils aus einer Geschichte der Kreuzzüge und enthielt einen nützlichen Abschnitt über die Geographie des Heiligen Landes und über Strategien zu dessen Wiedereroberung. Zu ihr gehörte außerdem eine Weltkarte (siehe Abb. auf S. 120–121) des Genueser Kartographen Pietro Vesconte. Ungeachtet oder vielleicht gerade wegen des Kontextes, den dieses Buch hatte, bot Vesconte den Europäern eine weitaus weniger theologische Weltsicht als die übliche Mappae-mundi-Tradition, die das Paradies häufig im Osten und Jerusalem in der Mitte der Welt abgebildet hatte. Auch Vescontes Karte ist zwar noch nach Osten orientiert, ihr fehlt aber jeder religiöse Gehalt. Die Präzision der Küstenverläufe im Mittelmeer ist hauptsächlich das Ergebnis neuer Techniken zur Erstellung von Seekarten (von denen in Kapitel 5 die Rede sein soll). Der Einfluss von al-Idrīsīs kreisförmiger Weltkarte zeigt sich jedoch offenkundig an der Form der Kontinente, der Zutat eines westlichen Nil, der in den Atlantik fließt, und an einigen Beschriftungen in nördlichen Gebieten auf der linken Seite, die al-Idrīsīs arabische Bezeichnungen für die unbewohnten Gegenden Sibiriens aufgreifen.

al-Idrīsīs Bekanntheitsgrad

In der muslimischen Welt war al-Idrīsī am besten unter nordafrikanischen Gelehrten bekannt. Es gibt zehn Abschriften der *Unterhaltung*, die älteste davon um 1300 entstanden, die letzte vom Ende des 16. Jahrhunderts, und sie alle scheinen im Maghreb oder im muslimischen Spanien entstanden zu sein. Aber das geistige Vermächtnis al-Idrīsīs reicht über die erhaltenen Exemplare seines Werkes hinaus. Kein anderer Geograph des Mittelalters hat sich der Humangeographie in so alles überspannender Weise verschrieben und kein anderer Kartograph des Mittelalters einen so ehrgeizigen Versuch unternommen, die Verknüpfungen zwischen verschiedenen Regionen der bekannten Welt zu erfassen. Als daher der nordafrikanische Historiker Ibn Khaldūn eine Universalgeschichte der Welt zu schreiben begann, entnahm er seine geographische Einleitung zum Großteil dem Werk al-Idrīsīs. Ibn Khaldūn entschied sich sogar dafür, sein berühmtestes Werk – die als *Muqaddimah* bekannte universalistische Geschichtsphilosophie – mit al-Idrīsīs runder Karte zu illustrieren. Sie ist in einer Abschrift enthalten, die 1401 wahrscheinlich unter Ibn Khaldūns persönlicher Aufsicht entstand. Tarek Kahlaoui hat vermutet, dass al-Idrīsīs Konzept der physischen und Humangeographie in Bild und Text die Entwicklung von Ibn Khaldūns universellen Regeln zur menschlichen Geschichte erleichtert hat.[19]

Außerdem hat uns al-Idrīsī einige einzigartige Bemerkungen zu Ziel und Macht der Karten wie auch über deren Grenzen hinterlassen. Wie er schreibt, hat er jede der 70 Teilkarten so vorbereitet,

> dass, wer sie betrachtet, das sehen kann, was seinem Blick verborgen ist oder ihm unbekannt oder was er selbst wegen der Schwierigkeit der Wege und der Meinungsverschiedenheiten zwischen den Völkern nicht erreichen könnte. Durch die Beobachtung dieser Karten aber kann er dieses Wissen genau erfassen.[20]

Eine Karte erlaubt es den Betrachtern, mit eigenen Augen zu sehen und dadurch geographisches Wissen genau zu erfassen. Sie kann ihnen Länder zeigen, die sie nie besuchen werden, Informationen geben, über die sie bis dato nicht verfügten, oder durch die Macht des Bildes enthüllen, was ihren Augen sonst verborgen wäre – selbst in Ländern, mit denen sie vertraut sind. In al-Idrīsīs Gedankenwelt als Kartograph müssen Karten immer noch erklärt und vertieft werden, und so ist die *Unterhaltung* ein Buch voller Informationen in Textform über die Königreiche und Völker der Welt. Eine wahre Beobachtung der Welt aber kann sich nur aus einer guten Karte ergeben.

KAPITEL 5

Die Horizonterweiterung eines osmanischen Admirals

Im Frühling des Jahres 1554 liefen zwei leichte Galeeren in den osmanischen Hafen Suez ein; an Bord war Pīrī Re'īs, der erfahrene Admiral der osmanischen Flotte im Indischen Ozean. Es war ein trauriger Anblick. Im Vorjahr hatte Pīrī Suez als Kommandeur von 24 Galeeren und vier Bargias (schweren Kriegsschiffen) verlassen, deren Ziel es war, die Portugiesen aus der strategisch wichtigen Festung Hormuz zu vertreiben, dem Schlüssel zur Kontrolle über den Persischen Golf. Nach dem Zwischenstopp in Aden hatte Pīrī den Hafen Maskat eingenommen und anschließend die unterbesetzte portugiesische Garnison in Hormuz belagert. Als er jedoch die Nachricht erhielt, dass portugiesische Verstärkungen aus dem indischen Goa unterwegs waren, entschied er sich für den Rückzug seiner Flotte ins sichere, osmanisch beherrschte Basra. In einem Akt persönlicher Tapferkeit nahm er anschließend seine schnellsten Galeeren, durchbrach die portugiesische Seeblockade und fand zurück nach Ägypten, während die Hauptmacht seiner Flotte in Basra festsaß. In Ägypten sah man Pīrīs Maßnahmen jedoch als Verrat oder Feigheit an und empfand die gescheiterte Einnahme von Hormuz als entscheidende Niederlage im Kampf zwischen Osmanen und Portugiesen um die Herrschaft im Indischen Ozean. Pīrī wurde verhaftet und auf Befehl Sultan Süleimans in Kairo hingerichtet, wahrscheinlich noch im Sommer desselben Jahres.

Das war ein tragisches Ende für das lange Leben eines der besten Kapitäne im Zeitalter der Entdeckungen und des unzweifelhaft größten osmanischen Kartographen aller Zeiten. Pīrī Re'īs gehörte zur selben Generation wie Fernando Magellan, Vasco da Gama, John Cabot und Khayreddin Barbarossa. Wie Francis Drake war auch er Pirat und zugleich treu ergebener Admiral im Dienst seines Landes, ein Abenteurer, der alles aus den unbegrenzten Möglichkeiten herausholte, die das Meer im 16. Jahrhundert auf einmal bot. Anders als die meisten übrigen berühmten Kapitäne seiner Zeit hat uns Pīrī jedoch eine unglaubliche kartographische Sammlung hinterlassen, darunter eine der frühesten Weltkarten, die den amerikanischen Doppelkontinent zeigen, sowie in seinem *Buch der Seefahrt* mehrere Detailkarten von Inseln und Küsten im Mittelmeer. Seine Karten verdanken portugiesischen Informanten, katalanischen Seekarten und italienischen Abbildungsverfahren sehr viel. Zugleich waren sie aber auch eine Klasse für sich, anders als jede damals in Europa erstellte Karte. Wie alle Kartographen hoffte auch Pīrī, dass seine Karten ihm Ansehen und Gönner eintragen würden. Viel grundsätzlicher jedoch verwendete er Karten, um Staunen und Ehrfurcht angesichts der Entdeckung neuer Länder und zugleich den Geist ungehinderter Abenteuer zur See auszudrücken. Seine Karten und die Begleittexte lassen sich als Loblied auf das Meer lesen, auf dem er sein Leben verbracht hat.[1]

Seit den Kreuzzügen hatte sich die muslimische Seemacht in einer ständigen Aufholjagd gegen die Europäer befunden, wo es um den Kampf um die Vorherrschaft im Mittelmeer ging.

Noch im 11. Jahrhundert zeichnete der Autor des *Buches der Merkwürdigkeiten* Karten, die die hochgesteckten Ziele der in Kairo residierenden Fatimidenkalifen auf dem Wasser ausdrückten. Sobald aber der Ansturm der Kreuzfahrer begann, ging die Kontrolle über das östliche Mittelmeer auf die Flotten italienischer Seemächte über. Im 12. Jahrhundert zeichnete al-Idrīsī seine Karten in der Hauptstadt des normannischen Sizilien, das die Muslime nie zurückerobern konnten. Für den Rest des Mittelalters zogen sich die Sultane von Kairo vom Wasser zurück. Sie zerstörten viele Häfen im östlichen Mittelmeer, darunter auch Tinnīs, das im *Buch der Merkwürdigkeiten* so schön gezeichnet worden war. Der gesamte Mittelmeerhandel wurde auf den Hafen Alexandria konzentriert, wo man die italienischen und katalanischen Kaufleute streng überwachen konnte.

Gefestigt wurde die europäische Vorherrschaft im Mittelmeer durch Fortschritte in der Navigation, die sich aus der kombinierten Einführung des Magnetkompasses und der Portolankarte ergaben. Der Portolan, erstmals bezeugt gegen 1270 in Pisa, kündigt eine Revolution in der europäischen Kartographie, besonders der Meere, an. Bis dahin waren im lateinischen Europa entstandene Karten hauptsächlich diagrammartige Skizzen gewesen, die historische und theologische Abhandlungen illustrierten. Portolane jedoch waren nützliche Navigationsmittel, entwickelt durch Seefahrer und Kapitäne, die den Kompass für ihre Fahrten entlang der Mittelmeerküste verwendeten. Der allmähliche Zuwachs an Informationen über den Küstenverlauf, der sich aus dem fortlaufenden Notieren der Kompasspeilungen ergab, gestattete es Kartenzeichnern in Genua und auf Mallorca, Seekarten herzustellen, welche die Umrisse des Mittelmeers etwa so zeigten, wie wir es heute kennen. Diese Karten nahm man anschließend mit auf See, wo sie dann den Navigatoren gestatteten, sich mit nie gekannter Sicherheit von der Küste zu entfernen.

Rasch lernten die muslimischen Seefahrer den Wert der neuen Portolane schätzen, und nordafrikanische Kartographen begannen sie in arabischer Sprache zu erstellen. Die erste Beschreibung eines Portolans durch einen arabischen Gelehrten stammt aus den 1340er-Jahren. Der Autor, al-ʿUmarī, nannte die neue Karte einen *qunbās*, nach dem italienischen Wort *compasso*, und erklärte den Zweck der charakteristischen Rumbenlinien, die es einem Schiff erlaubten, den vom Kompass vorgegebenen Kurs zu halten. Gegen Ende des 14. Jahrhunderts erwähnte der tunesische Gelehrte Ibn Khaldūn, dass nordafrikanische Seefahrer *qunbās*-Karten verwendeten. Außerdem erklärte er, diese Seekarten erfassten lediglich das Mittelmeer, nicht aber das Umzingelnde Meer im Westen, auf das sich die Seefahrer deshalb nicht hinauswagten; denn sollten sie die Küste aus der Sicht verlieren, würden sie nicht zurückfinden können.[2]

Erhalten ist eine Handvoll arabischer Portolane aus dem Spätmittelalter, allesamt hergestellt in den Häfen Nordafrikas. Ein relativ spätes Exemplar, hergestellt 1571/72 in einer

Arabische Portolankarte aus einer Familienwerkstatt in der tunesischen Stadt Sfax 1571/72. Sie zeigt das zentrale Mittelmeer. Süden ist oben. Bodleian Library, University of Oxford, MS. Marsh 294, fol. 6a.

Familienwerkstatt in der tunesischen Stadt Sfax, zeigt die Zentralregion des Mittelmeers (siehe Abb. auf nebenstehender Seite). Die Seekarte ist nach Süden orientiert und die übergroß dargestellte Insel Malta befindet sich nahe am Schnittpunkt der sternförmig ausstrahlenden Rumbenlinien. Wie auf italienischen und katalanischen Portolanen dieser Zeit stehen die Ortsnamen senkrecht zur Küste, und Inseln sind markant in strahlenden Farben dargestellt. Die arabische Schrift ist charakteristisch für Nordafrika, und eine Aufschrift auf einem anderen Exemplar dieser Karte besagt, dass sie auf der Grundlage einer mallorquinischen Karte erstellt worden ist. Zwar ist diese Karte aus zweiter Hand etwas grob und weit weniger reich geschmückt als die zahlreichen katalanischen Portolane, die wir kennen, aber sie gab nordafrikanischen Seefahrern die Umrisse der Mittelmeerküsten und die Segelrichtungen auf dem offenen Meer annähernd richtig an die Hand.

Die osmanische Eroberung Konstantinopels im Jahr 1453 veränderte die Machtverhältnisse im Mittelmeer und beendete die europäische Hegemonie. Die Osmanensultane fanden sich als Herrscher eines globalen Reiches und Erben der ruhmreichen byzantinischen Vergangenheit auf dem Wasser wieder. Im Zuge dieser neuen, imperialen Perspektive sammelte Sultan Mehmed II. jede Weltkarte, an die er kommen konnte, darunter Kopien der (in Kapitel 2 besprochenen) Karten al-Istakhrīs, auf Ptolemäus zurückgehende Karten griechischer Gelehrter und ein paar nordafrikanische Portolane aus dem 15. Jahrhundert, die allesamt noch in den osmanischen Palästen Istanbuls erhalten sind. Mehmeds Nachfolger Bayesid II. (1481–1512) betrieb aktiv ein ehrgeiziges Ausbauprogramm seiner Flotte, indem er an türkische Korsaren herantrat, die im Mittelmeer bekannt waren, und ihnen Stellungen in der osmanischen Flotte anbot. Die Rekrutierung der Piraten zahlte sich aus: Binnen weniger Jahrzehnte brachen osmanische Schiffe auf, um venezianische Festungen rund um die Peloponnes einzunehmen.

Die Weltkarte des Pīrī Reʾīs

Pīrī Reʾīs, geboren um 1470, war einer der Piraten, die auf diese Weise in die osmanische Flotte eintraten. Seit 1487 war er mit seinem Onkel Kemal Reʾīs, einem erfolgreichen Piraten, an der nordafrikanischen Küste aktiv gewesen. Kemal Reʾīs operierte von einem Stützpunkt auf der uneinnehmbaren Insel Dscherba vor der Küste Tunesiens aus, von wo aus er das westliche Mittelmeer durchstreifte. Sein Hauptziel war die reiche Beute, die es auf Handelsschiffen zu holen gab, die den Engpass zwischen Tunesien und Sizilien im zentralen Mittelmeer passierten. Außerdem führte Kemal Überfälle auf die Balearen und Korsika durch, an denen auch der junge Pīrī teilnahm. 1495 wurde Kemal Reʾīs nach Istanbul gerufen und erhielt von Bayesid persönlich das Angebot eines Kommandos in der osmanischen Flotte. Von nun an waren

Pīrī und sein Onkel im Marinehauptquartier auf Gallipoli stationiert. 1499 war Pīrī schon ein *reʾīs*, ein Kapitän mit eigenem Schiff, und zählte zu einer osmanischen Streitmacht, die den Venezianern Lepanto abnahm. Kemal starb wahrscheinlich 1510 oder 1511, als sein Schiff auf dem Weg zur Eroberung von Rhodos im Sturm unterging. Die Ritter des Johanniterordens auf Rhodos konnten sich in der Folge ein weiteres Jahrzehnt lang gegen die osmanische Flotte behaupten.

Erhaltener Teil der 1513 von Pīrī Reʾīs gefertigten Weltkarte mit dem Atlantik. Topkapı-Palastmuseum, Istanbul, R. 1633.

Außer Sichtweite der venezianisch-osmanischen Kämpfe in der Ägäis erweiterte sich die Welt in erstaunlichem Tempo. Pīrī operierte noch immer als Pirat im westlichen Mittelmeer, als Nachrichten von den Reisen des Kolumbus und der Entdeckung der Neuen Welt eintrafen. 1499 hatte Vasco da Gama Afrika umrundet, und binnen eines Jahrzehnts wurden die Portugiesen zur Gefahr für den Handel im Indischen Ozean, einer Haupteinnahmequelle für gleich mehrere muslimische Dynastien, insbesondere die Mamluken in Kairo. Ein weiterer portugiesischer Seefahrer, Pedro Álvares Cabral, stieß 1500 auf die Küste Brasiliens. Fast augenblicklich wurde dieser ungeheure geographische Wissenszuwachs in Kartenform übertragen und die größten, schnellsten Fortschritte machten dabei die Portugiesen. Wie die als Cantino-Planisphäre bekannte Weltkarte von 1502 beweist, erweiterten und nutzten die portugiesischen Kartographen die Rumbenlinien und Windrosen, die zur Erstellung der Portolane für das Mittelmeer verwendet worden waren. Sogar als man sie jetzt zur Kartierung der Weltmeere heranzog, waren die Ergebnisse bemerkenswert genau.

Nach seiner Rückkehr nach Gallipoli nahm dies auch Pīrī zur Kenntnis. Im Frühjahr 1513, nur zwei Jahrzehnte nach den Reisen des Kolumbus, stellte er eine eigene Weltkarte fertig, eine der berühmtesten und faszinierendsten Karten in der Geschichte der Kartographie. Das auf mehrere Pergamentstücke gezeichnete Werk war ein wuchtiges Stück, das wahrscheinlich 140 × 165 cm maß. Von diesem Original sind nur der Mittel- und der Südteil des westlichen Drittels auf einem Fragment erhalten, das 87 × 63 cm misst (siehe Abb. auf nebenstehender Seite). Der Atlantik bildet das Zentrum der Karte. Im Osten deckt das Fragment die Atlantikküste Frankreichs, der iberischen Halbinsel, Nordafrikas und des Golfs von Guinea ab. Im Westen zeigt es die Karibik, Kuba und die Bahamas. Besonders sticht die leicht erkennbare brasilianische Landmasse hervor. Sie ist im Süden mit einem anderen Festland verbunden, vermutlich der Terra Australis, wie auf europäischen Weltkarten der Frühen Neuzeit üblich.

Pīrīs Weltkarte zählt zu den kostbarsten und vollendeten Arbeiten aus dem Zeitalter der Entdeckungen. Die Technik, die er verwendet, trägt eindeutig die Handschrift von Seeleuten, nicht von Landratten im Lehnstuhl. Die Karte weist alle typischen Eigenschaften der Portolane auf, etwa die beiden Windrosen mit 32 Richtungen, das Netz aus Rumbenlinien und die herausstechenden Maßstäbe etwa auf Höhe der Wendekreise des Krebses und des Steinbocks.

Entlang der Küste sind Symbole zur Navigation zu sehen: Kreuze stehen für Riffe, Rot für Untiefen und schwarze Punkte für vorspringende Klippen. Eindeutig beruht dies auf portugiesischen Seekarten, etwa der Cantino-Planisphäre von 1502. Verglichen mit der Cantino-Karte ist diese hier aber auch viel reichhaltiger. Allein das erhaltene Fragment zeigt 114 Ortsnamen, 35 längere Aufschriften und eine Vielzahl an Illustrationen.

Glücklicherweise steht Pīrīs Signatur auf dem erhaltenen Kartenfragment – links von der Mitte, senkrecht oberhalb des Äquators und neben einem Bild, das aussieht wie ein Hund und ein Affe, die Händchen halten. Diese Unterschrift (der Fachausdruck lautet Kolophon) ist Arabisch, während alle anderen Aufschriften in osmanischem Türkisch verfasst sind. Außerdem stammt sie von einer anderen Hand als die meisten anderen Beschriftungen der Karte, was nahelegt, dass Pīrī professionelle Kartenzeichner als Assistenten anstellte. In seinem Vermerk jedoch beansprucht Pīrī allen Ruhm für sich und erklärt: „Pīr, Sohn des Hacı Mehmed, auch bekannt als Neffe des Kemal Reʾīs, zeichnete diese Karte in Gallipoli im Monat Muḥarram des Jahres 919 [9. März bis 7. April 1513].“[3]

Die lange, einer Schriftrolle ähnelnde Aufschrift, die den Großteil des brasilianischen Festlands gleich unter dem Autorenvermerk füllt, erzählt die Entdeckung der Neuen Welt durch Kolumbus. Pīrī zufolge fand „Kolomb aus Genua“ ein altes Buch mit Berichten über diese Länder und ihre Reichtümer und versuchte die Könige Europas zu überzeugen, dass sie ihn finanziell unterstützten. Als er die Unterstützung des Königs von Spanien erhielt, segelte er im Jahr 896 des islamischen Kalenders (1490–91) ab. Anschließend traf er auf die Küsten der Länder, die Pīrī Antilla nennt, und begegnete dort einer Vielzahl eingeborener Völker, darunter viele Kannibalen. Außerdem besaßen die Eingeborenen viel Gold und viele Perlen, die sie gern gegen Glasperlen eintauschten. Abschließend vermerkt Pīrī, dass der spanische König sie zum Christentum bekehren wolle.[4] Eine weitere Aufschrift, gleich unter der nördlichen Windrose, gibt jenen Meridian an, der die Grenze zwischen spanischen und portugiesischen Gebieten auf dem amerikanischen Doppelkontinent gemäß dem Vertrag von Tordesillas von 1494 markierte.

Die kürzere Aufschrift darunter nennt die Quellen, die Pīrī zur Erstellung der Karte heranzog; seit über einem Jahrhundert hat sie Historikern der Karthographie und Entdeckungen Rätsel aufgegeben.[5] Zunächst ist Pīrī eifrig darauf bedacht, zu betonen, dass es sich um eine Originalkarte handelt: „Niemand in diesem Zeitalter besitzt eine Karte wie diese.“ Andererseits räumt er ein, sie sei eine Syntheseleistung. Er habe 20 Karten und *papamondular* konsultiert (eine türkische Version des Ausdrucks *mappae mundi*), dazu neun Karten des bewohnten Viertels der Welt, die zur Zeit Alexanders des Großen entstanden seien und welche die Araber Dshaʿfarīya nannten (zweifellos ptolemäische Karten in der Tradition der mathematischen Geographie). Zusätzlich hätten ihm vier jüngst entstandene portugiesische Karten vorgelegen, welche die Meere von Sindh, Indien und China beschrieben, und schließlich sei seine Quelle für die westlichen Länder – die sogenannte Neue Welt – eine von Kolumbus selbst gefertigte Karte, die Pīrī mit anderen Karten kombiniert und in denselben Maßstab übertragen habe.

Besaß Pīrī wirklich eine Karte von Kolumbus? Das ist unwahrscheinlich, obwohl besonders seine Darstellung der Karibik Kolumbus verpflichtet ist; dort erscheint Kuba als keilförmiger Vorsprung, der vom Festland ausgeht und sich nach Süden neigt, so wie Kolumbus es annahm. Wahrscheinlich war es so, dass Pīrī über einen spanischen Informanten verfügte. An anderer Stelle erwähnt er, sein Onkel Kemal Reʾīs habe einen spanischen Sklaven (oder vielleicht Diener) besessen, der Kolumbus auf drei Reisen begleitet habe und viel über die Neue Welt wisse. Kemal muss bei seinen Raubzügen im westlichen Mittelmeer eine ganze Reihe spanischer Gefangener gemacht haben, und es ist gut möglich, dass einer von ihnen in die Neue Welt gekommen war oder das zumindest behauptete, um Ansehen auf osmanischer Seite zu gewinnen.

Pīrī war nicht nur darauf bedacht, die Meere der Welt zu kartieren, sondern auch die Geschichte ihrer Erforschung zu erzählen. Die Ikonographie seiner Weltkarte ist überwältigend; nicht nur ist sie reicher als europäische Weltkarten dieser Zeit, sondern sie stellt auch einen vollständigen Bruch mit der islamischen Kartographie des Mittelalters dar. Allein auf diesem Fragment finden sich an die 58 Bilder von Völkern, Tieren, Schiffen, Bergen und Pflanzen. Die Herrscher von Guinea, Marrakesch und Portugal erscheinen einzeln mit ihren besonderen Hoheitszeichen und ethnischen Charakteristika. Ein Elefant dominiert das Innere Afrikas. Insbesondere Nord- und Südamerika sind voller Wunder. Es gibt Ochsen mit sechs Hörnern, die auch auf portugiesischen Karten auftauchen, außerdem ungeheure Schlangen in der Terra Australis am unteren Kartenrand. Ein kopfloser Blemmyer erscheint mit haarigen Armen und Bart, einem Mund auf der Brust und Augen auf den Schultern. Ein Affe gibt einem pavianartigen Tier die Hand, das ein Hundegesicht hat. Am häufigsten erscheinen Papageien: Es gibt auf der Karte zwölf verschiedene Arten von ihnen, alle auf Inseln und alle – so die Aufschriften – essbar.

Doch die äußerste Sorgfalt gilt den Segelschiffen, worin sich die maritime Neigung eines Seefahrers verrät. Auf dem Atlantik sind zehn Schiffe zu sehen, von Galeassen mit drei Segeln bis hin zu Karavellen mit einem, und der Schiffstyp ist meist durch die Details des Bildes und die begleitenden Aufschriften leicht zu bestimmen. Jedes Schiff erzählt die Geschichte einer Entdeckung oder eines Abenteuers auf See. Das Schiff mit drei Segeln im Nordatlantik ist eine Genueser Galeasse, die auf dem Weg von Flandern vom Kurs abkam und auf den Azoren

St. Brendan auf dem Rücken eines Wals. Detail aus der Weltkarte des Pīrī Reʾīs von 1513. Topkapı-Palastmuseum, Istanbul, R. 1633.

landete. Das detailreiche Bild im nordwestlichen Atlantik illustriert die Fahrt des Mönches St. Brendan, dessen Besatzung auf dem Rücken eines Wals, den sie für eine Insel hielt, Feuer machte (siehe Abb. oben). Pīrī merkt eigens an, dass diese Information nicht aus den portugiesischen Seekarten, sondern aus einem alten *mappamondo* stammt. Das Schiff vor der Westküste Afrikas ist offensichtlich eines von vieren – andere müssen auf den fehlenden Kartenteilen zu sehen gewesen sein –, die unter dem Kommando von Vasco da Gama dabei sind, Afrika zu umrunden.

Nachdem Pīrī 1513 seine Weltkarte fertiggestellt hatte, wartete er den richtigen Moment ab, bis er sie dem neuen Sultan Selim überreichen konnte, der 1512 den Thron bestiegen hatte. Seine Chance kam 1517 nach Selims raschem Sieg über das Mamlukenreich und der Eingliederung Ägyptens und Syriens in das Osmanische Reich. In seinem *Buch der Seefahrt* berichtet uns Pīrī, er habe Selim die Weltkarte in Kairo geschenkt, kurz nachdem die Osmanen es eingenommen hatten. Für sie eröffnete die Eroberung Ägyptens neue Chancen im Roten

Nächste Seite:
Die Insel Kephallonia im *Buch der Seefahrt* des Pīrī Reʾīs, Abschrift von 1587. Bodleian Library, University of Oxford, MS. d'Orville 543, fol. 50.

Übernächste Seite:
Die Insel Rhodos im *Buch der Seefahrt* des Pīrī Reʾīs, Abschrift von 1587. Bodleian Library, University of Oxford, MS. d'Orville 543, fol. 31a.

Meer und im Indischen Ozean, und vielleicht sah man die Darstellung dieser Gebiete auf Pīrīs Weltkarte als strategisch wertvoll an. Später zerschnitt ein Mitglied des osmanischen Hofs die Karte, und nur der Teil mit dem Atlantik gelangte in die Palastbibliotheken, wo er vier Jahrhunderte lang unbeachtet blieb. Erst 1929 wurde er wiederentdeckt, als Gelehrte die Bibliotheken des Topkapı-Palastes in Istanbul zu durchforschen begannen, nachdem die Republik Türkei das Amt des osmanischen Sultans und Kalifen abgeschafft hatte.[6]

Das *Buch der Seefahrt*

Nach seiner Weltkarte ist Pīrīs größte Leistung das *Buch der Seefahrt* (*Kitāb-i Baḥriyye*), dessen erste Version 1521 abgeschlossen wurde. Das *Buch der Seefahrt* ist ein Handbuch mit Navigationsanweisungen für das Mittelmeer, das auf Pīrīs eigener Erfahrung beruht. Es ist in 130 Kapitel unterteilt, die jeweils einem Gebiet oder Hafen gewidmet sind und von einer Seekarte begleitet werden. Die Kapitel fangen in der Ägäis an und bewegen sich dann entgegen dem Uhrzeigersinn rund um die Mittelmeerküste, wobei am Schluss eine Reihe ägäischer Inseln steht, die vorher ausgelassen wurden, und anschließend Inseln im Marmarameer nahe der osmanischen Hauptstadt. Hauptziel des Textes, der den Leser in der zweiten Person anspricht, ist die Unterrichtung für Schiffsführer auf kurzen Reisen von einem sicheren Hafen zum nächsten. Jedes Kapitel beschreibt Landmarken, Häfen, Gefahren und das Anlaufen von Häfen. Große Teile des Textes handeln vom Schutz vor den vorherrschenden Winden, die für die langen, schmalen Galeeren der osmanischen Flotte ein besonderes Risiko darstellten.

Statt die Welt in großem Maßstab darzustellen, sind Pīrīs spätere Karten präzise und praktisch. Ihr Augenmerk liegt ausschließlich auf den Küsten des Mittelmeers und besonders auf seinen Inseln. Typisch für Pīrīs Methode ist die Karte der Insel Kephallonia, der größten unter den Ionischen Inseln in der Adria (siehe Abb. auf S. 136). In diesem Exemplar des *Buches der Seefahrt*, das 1587 entstand und heute in der Bodleian Library liegt, ist die Aufmachung schlicht. Dies ist eine Seekarte für Seefahrer. Beachten Sie die Verwendung heller Farben, die es den Navigatoren erleichterte, zwischen den verschiedenen Ionischen Inseln und dem Festland zu unterscheiden. Berge und die Hauptstadt der Insel sind eingetragen. Vor allem werden die Umrisse der Inselküste in einer Präzision gezeigt, die es in der islamischen Kartographie zuvor nie gegeben hatte und die eindeutig auf Kompassangaben beruht; eine Windrose begleitet sie.

Der Kompass war unentbehrlich für die Art Karten, wie sie Pīrī schuf, so wie er es schon für die Schöpfer europäischer und nordafrikanischer Portolane in den vorausgehenden Jahrhunderten gewesen war. In einer gereimten Einführung in die zweiten Auflage seines *Buches der Seefahrt* beschreibt Pīrī den Kompass folgendermaßen: Er sei „ein runder Kasten, in

بر میل مقداری کشیشلمه طرفندن پشقارده‌در زیرا بو لیمان آنده اول لیمانک اغزندن دمور قورسه
اون بش قولاجدر واکثرا بحر وکیرلر ایسه یدی قولاجدر
ولیکن بیوک کمیلر ایکی جانبه یمار یغلمق کرک طاریردر
وبعده زیعیر لیمانک مقابلسنده اولان
ایاماوری برونی ونزیلادر
والسلام

علی التمام

اشکال جزیره

کفالونیه بو رسمه‌در

جزیرهٔ سقاجه

جزیرهٔ کفالونیه

Die Insel Malta im *Buch der Seefahrt* des Pīrī Reʾīs, Abschrift von 1587. Bodleian Library, University of Oxford, MS. d'Orville 543, fol. 81b.

Glas versiegelt, der ein Stück Papier mit 32 Ecken enthält. Sein Schöpfer hat dieses Papier auf einen Stahlschaft gesteckt und lässt es, nachdem es gezeichnet ist, sich drehen wie die Welt. Wenn es sich dreht und dann stillsteht, kannst du sicher sein, dass es auf den Nordstern zeigt."[7] Die Seekarten, erklärt er anschließend, entstehen aus den Kompasslesungen, nicht aus von Mathematikern berechneten Koordinaten. Koordinaten seien auf See nutzlos und ebenso die Astrolabien, die an Land doch für die Zeitmessung so nützlich sind. Für eine Seekarte müsse man sich auf die Linien verlassen, die auf der Grundlage der Windrosen und des Kompasses gezeichnet sind, Linien, die auf der Karte Orte zusammenbringen, welche in Wirklichkeit nicht in Sichtweite voneinander liegen.

Pīrī bewegte sich innerhalb einer Tradition, die bislang die europäischen Kartographen beherrscht hatten, doch bahnte er sich seinen ganz eigenen Weg. Die Portolane, die in Europa oder Nordafrika hergestellt wurden, deckten üblicherweise das gesamte Mittelmeer oder aber, wie uns die Sfaksī-Karte gezeigt hat, große Teile davon ab. Pīrī nun entschied sich dafür, seinen Text und seine Seekarten in viel kleinere Untereinheiten aufzuteilen. Darin beeinflusste ihn ein neues, beliebtes italienisches Format für Inselkarten, bekannt als *isolarii*, das erstmals Cristoforo Buondelmonti 1420 eingeführt hatte.[8] Wie Buondelmonti und seine Nachfolger beschreibt auch Pīrī jede Insel in Bild und Text, doch übertrug er dieses Schema auf die Küsten des Festlandes und wendete sich in seinem Text offen an Seefahrer, vor allem türkische. Der Text ist in osmanischem Türkisch, nicht in Arabisch geschrieben und gab den türkischsprachigen Steuerleuten der osmanischen Flotte einen praktischen Leitfaden für alle Gewässer des Mittelmeers an die Hand.

Das *Buch der Seefahrt* half bei der schrittweisen osmanischen Expansion im Mittelmeer. Die Osmanen rückten Hafen für Hafen und Insel für Insel vor, nicht in großen Seeschlachten, und die meisten Inseln und Küsten, die Pīrī kartierte, lagen in feindlichem Gebiet. Kephallonia wechselte zweimal den Besitzer – die Osmanen nahmen es 1479 ein, doch die Venezianer eroberten es 1500 für die Christenheit zurück. Die Karte der Insel Rhodos (siehe Abb. auf S. 137) wäre für die osmanischen Belagerungstruppen militärisch nützlich gewesen. Zwar ist die hier abgebildete Handschrift erst viele Jahrzehnte nach der osmanischen Eroberung der Insel entstanden, doch die Erstauflage des *Buches der Seefahrt* wurde ein Jahr abgeschlossen, bevor die Osmanen Rhodos endgültig von den Johannitern eroberten. Die wichtigste Hafenstadt der Insel ist im Norden durch eine Gruppe schematisierter Gebäude angegeben, die in einen gelben Ring zusammengedrängt sind, und zwei Türme bewachen die Hafeneinfahrt. Die Kreuze rund um den Hafen zeigen versteckte Riffe an und die Linie von Punkten im Nordwesten eine Reihe winziger Inselchen. Die Buchten entlang der Ostküste der Insel sind viel ausgeprägter als in Wirklichkeit.

اشكال تنس جچليه بيان ايدر

سوال جچليه جزيره سى مالته برينه ارلوب و مالته جزيره سى

انسو جچليه برينه ارلوب لردر

بو فصل مغرب طرابلسنك كنارلرين بيان ايدر مغرب ديارنده طرا
بلوسي قلعه سي يكي يابي صحيح تاريخ بناسي كوزل قلعه كوردم هر برج باروسي
موملودر وكميه يكرمز تودنسن سلطاني مولانا عثمان زماننده مولانا عثمانك ابو بكر
ادلو بر اوغلي طرابلسي يكيمشدر اول تاريخده طرابلس علوفه قاسيني بولدي اشدر مردن
اشدور نوركه مولانا عثمان وفات ايدجك مزبورك بيوك اوغلي مسعود اتا
سندن بركوده اول وفات ايدر مسعودك يحيى ادلو بر اوغلي قلور مولانا

Die Insel Djerba und ein Damm von dort zum tunesischen Festland. *Buch der Seefahrt* des Pīrī Reʾīs, Abschrift von 1587. Bodleian Library, University of Oxford, MS. d'Orville 543, fol. 98b.

Als die Johanniter 1522 von Rhodos vertrieben wurden, wählten sie Malta als neuen Stützpunkt, und Pīrīs Karte von Malta sticht durch ihre detailreiche Wiedergabe der Buchten rund um den Hafen Valletta heraus (siehe Abb. auf S. 139). Genau werden die zahnartigen Vorsprünge in der Bucht abgebildet, fallen aber wieder übergroß im Verhältnis zum Binnenland aus und rücken so in den Mittelpunkt der Aufmerksamkeit. Die eindrucksvollen Kirchen spiegeln die christliche Identität der Insel, die allen Eroberungsversuchen der Osmanensultane dauerhaft trotzen sollte. Die Insel Küçük Malta (türkisch „Klein-Malta", das heutige Gozo) und ihre Burg erscheinen hellrot im Norden. Im Text, der dieser Karte vorausgeht, führt Pīrī aus, Malta habe einen Umfang von 65 Meilen, zähle sechzig Dörfer und eine Festung, die etwa vier Meilen landeinwärts auf einer Anhöhe stehe. Auf der Karte beherrscht diese Festung das Binnenland der Insel. Anschließend geht Pīrī in jeder der großen Buchten auf der Karte die Bedingungen für die Seefahrt durch und schließt mit einer Beschreibung der sicheren Seewege zwischen Malta und Gozo beiderseits des Inselchens Kamuna.

Das *Buch der Seefahrt* ist nicht nur eine osmanische Version der Portolane, der italienischen *isolarii* und der Seebücher, es ist auch ein sehr persönlicher Text, in dem Pīrī sein Leben in Form all der Häfen erzählt, die er besucht hat. Teilweise liegt das daran, dass die Seekarten auf direkten Erfahrungen mit den Navigationsrisiken, der Identifikation von Orientierungspunkten und korrekten Kompassangaben beruhen. In der Einleitung zur zweiten Auflage drückt Pīrī es so aus:

> Ich habe die Küsten des Mittelmeers, Arabiens und Europas durchstreift und
> die Länder Anatoliens und des Maghreb bereist
> und ich habe beschrieben, mein Freund, alles, was beschrieben werden muss,
> jede Einzelheit,
> wie beschaffen die Orte sind, ob sie hoch liegen oder nicht,
> und ich möchte, dass man weiß, wohin man kommt, wenn man von Bord geht,
> und wie die Entfernung ist.
> Lieber Leser, immer wenn ich in einen Hafen kam, merkte ich mir solche Dinge
> sorgfältig:
> seine Ankerplätze, seine Quellen und alle Orientierungspunkte und damit alle
> Einzelheiten des Mittelmeers.[9]

Der Text des *Buches der Seefahrt* wimmelt von persönlichen Erinnerungen, und ein Großteil unserer Kenntnisse von Pīrīs Lebenslauf stammt aus den Schilderungen der Häfen und Inseln, insbesondere an der nordafrikanischen Küste. Zusammen mit seinem Onkel Kemal Reʾīs,

برنديز كنارلرينك وقلعه سنك شكلي بو رسمه در

قلعه ي برنديز

Der Hafen von Brindisi im *Buch der Seefahrt* des Pīrī Reʾīs, Abschrift von 1587. Bodleian Library, University of Oxford, MS. d'Orville 543, fol. 79b.

den er vergötterte, unternahm er Raubzüge auf Sardinien und Korsika. Er erinnert sich, wie sein Onkel und er zwei Winter lang in einem Fluss beim nordafrikanischen Bône ankerten. Besonders stark tritt dieser persönliche Zug bei der Schilderung der fruchtbaren Insel Djerba vor der Küste des heutigen Tunesien hervor, die Kemals Schlupfwinkel war (siehe Abb. auf S. 140). Die Karte zeigt einen markanten Damm, den ein Sultan von Tunis erbaute, um die Insel zu unterwerfen, indem er sie mit dem Festland verband. Daraufhin riss ein lokaler Herrscher, Scheich Yaḥyā, den Djerba nächstgelegenen Abschnitt ein, damit keine Soldaten vom Festland auf der Insel einmarschieren konnten. Ausführlich beschreibt Pīrī die seltsamen synkretistischen Bräuche der Inselbewohner. Wenn beispielsweise die Mitglieder der Herrscherfamilie Wasser trinken, lassen sie den Becher nicht an ihre Lippen kommen; falls er sie berührt, zerbrechen sie ihn. Außerdem sei über der Tür jedes Hauses ein Kreuz angebracht, um den Teufel zu verjagen.[10] Vor allem aber könne kein Schiff, das die Insel nicht kenne, sich ihr nähern, weil sie vollständig von Untiefen umgeben sei, die zweimal täglich abtrockneten. Damit ist klar, was Djerba selbst mit den besten Seekarten zum sicheren Hafen für Piraten machte.

In dieser Version des *Buches der Seefahrt* fällt die Behandlung von Architektur insgesamt schematisch aus, wie es zu einem für Seeleute gedachten Buch passt. Ein befestigter Turm steht für eine Festung, ein einzelnes Gebäude mit Giebel für eine Stadt oder ein Dorf, umgestürzte oder ungeordnet stehende Säulen für Ruinenfelder, vor allem an den Küsten Syriens und Palästinas. Dennoch können die Zufahrten zu den Häfen erstaunlich detailreich erscheinen, so auf der Karte von Brindisi in Süditalien (siehe Abb. auf S. 142). Wie auf anderen Seekarten auch zeigt der dunkle Pfeil auf der Windrose Norden an und sind die Inselchen an der Hafeneinfahrt durch leuchtende Farben hervorgehoben. Die Karte gibt an, wo die Reihe von Türmen steht, die die Zufahrt zur Bucht bewachen, und wo die Kette verläuft, die den eigentlichen Hafen sperrt und sich diagonal von der Stadt ans Südufer der Bucht zieht. Mauern, Kathedrale und Schlösser der eigentlichen Stadt sind nur schematisch dargestellt.

Anfangs war das *Buch der Seefahrt* als Hilfestellung für andere Kapitäne der osmanischen Flotte gedacht. Dann traf es sich, dass Pīrī 1524 oder 1525 ein Schiff befehligte, das von Istanbul nach Rhodos fuhr und den Großwesir Ibrahim Pascha beförderte, der die frisch eroberte Provinz Ägypten befrieden sollte. Es weckte Ibrahims Neugier, wie sehr sich Pīrī auf seine Karten verließ, um den Kurs festzulegen – vielleicht hatte Pīrīs Verhältnis zu Karten ja etwas Zwanghaftes. Die beiden vertieften sich den Rest der Reise über ins Gespräch über Navigation und Kartographie, und Pīrī zeigte dem Großwesir ein vollständiges Exemplar des *Buches der Seefahrt*, voller Details über die Navigation im Mittelmeer, aber nur grob illustriert. Ibrahim riet Pīrī dazu, eine ausgefeiltere Version zu verfassen und dem Sultan zu überreichen.

Karte Venedigs in der zweiten Version des *Buchs der Seefahrt* des Pīrī Reʾīs, Abschrift ca. 1700. Walters Art Gallery, Baltimore, W.658, foll. 185b; 186a.

Diese zweite Fassung wurde 1526 fertig und dem jungen Sultan Süleiman bald nach dessen Herrschaftsantritt vorgestellt.

Die zweite Version entpuppte sich als üppig ausgestattetes Prachtexemplar. Es beginnt mit einer langen, in Reimpaaren geschriebenen Erörterung über Navigation, Karten und europäische Entdeckungen. Die Seekarten sind ausgeschmückt wie Miniaturgemälde und enthalten detailreiche Stadtansichten, die von europäischen Vorlagen beeinflusst sind. Außerdem gibt es neue Kapitel und Karten; der Großteil des Zusatzmaterials betrifft Ägypten, die italienische Adriaküste und den Golf von Venedig. Das eindrucksvollste neue Bild zeigt Venedig, die Erzfeindin der Osmanen (oben). Wiederum gibt es hier Schiffe, Flaggen und verzierte Windrosen, die allesamt an die Bilder auf der Weltkarte erinnern. Im Mittelpunkt der Karte steht der Glockenturm von San Marco, der, wie Pīrī anmerkt, der erste für Steuerleute sichtbare Orientierungspunkt ist. Dem Turm gegenüber liegt auf der anderen Seite des Hauptplatzes das Marinearsenal mit seiner eigenen befestigten Einfahrt. Andere Stadtviertel sind durch Kanäle voneinander getrennt; jedes Viertel ist vereinfacht als Ansammlung von Gebäuden um eine einzelne Kirche dargestellt. Zweifellos ist das Venedig, aber wenn Sie sich in der Stadt zurechtfinden wollten, wäre die Abbildung kein guter Wegweiser.

Die Osmanen blicken nach Osten

In den Jahrzehnten nach Pīrīs *Buch der Seefahrt* wurden Stadtansichten am osmanischen Hof beliebter. Einige der markantesten Beispiele stammen aus dem *Beyān al-Manāzil*, einem illustrierten Kriegstagebuch aus der Feder von Maṭrāqci Naṣūḥ, das Süleiman 1537 überreicht wurde.[11] Maṭrāqci war ein Alleskönner, der am Osmanenhof als Gelegenheitsminiaturmaler, Übersetzer ins Arabische, Mathematiker und Waffenschmied diente. Zwischen 1533 und 1536 gehörte er zum Gefolge Sultan Süleimans während dessen langen Feldzugs in Mesopotamien gegen die schiitische Safawidendynastie. Das *Beyān* ist ein Tagebuch dieses Feldzuges, illustriert mit 130 Miniaturen von den wichtigsten Stationen der Reise. Die erste zeigt eine majestätische Vogelperspektive der Reichshauptstadt Konstantinopel/Istanbul auf einer Doppelseite (folgende Doppelseite). Sie steht in der Tradition solcher perspektivischer Ansichten Konstantinopels, die erstmals in Buondelmontis Buch der *isolarii* auftauchen. Die Wasserstraße des Goldenen Horns trennt das Bild in zwei Teile; links liegt der Stadtteil Galata mit seinem unverwechselbaren Turm, rechts die ummauerten Gebiete der eigentlichen Stadt. Auf diesem Bild können wir leicht einige der vertrautesten Monumente der Stadt ausmachen: die Hagia Sophia, die Moschee Bayesids II., den neu erbauten überdachten Markt (*bedestan*) und den Topkapı-Palast. Die osmanischen Galeeren, die das Goldene Horn durchfahren, könnten der Weltkarte von Pīrī Reʾīs entstammen.

Die Originalität von Maṭrāqci zeigt sich, wenn er Städte des Binnenlands in Anatolien, Syrien und im Irak darstellt, darunter Bagdad, Täbris und Basra. Hier werden die Stadtansichten aus dem Kontext der Seefahrt gelöst, in dem sie entstanden sind, und bleiben nicht länger auf Hafenstädte am Zusammentreffen von Land und Meer beschränkt. Maṭrāqcis berühmte Stadtansicht von Aleppo hat ein unverkennbar osmanisches Flair und vermittelt dem Betrachter ein Gefühl der Stabilität und des Friedens (siehe Abb. auf S. 148). Wir besitzen keine ältere Abbildung Aleppos aus der islamischen Welt, und die bloße Darstellung der Stadt ist schon ein Politikum. Maṭrāqcis Stadtansicht unterstreicht die Wohltaten, die der Stadt zuteilgeworden sind, seit sie zwei Jahrzehnte zuvor unter osmanische Herrschaft gekommen war. Als Aleppo ist die Stadt an der mächtigen Zitadelle aus dem 12. Jahrhundert

Stadtansicht von Konstantinopel/Istanbul aus dem Kompendium der Wegstrecken (*Beyān al-Manāzil),* einem illustrierten Kriegstagebuch von Maṭrāqci Naṣūh, fertiggestellt 1537. Topkapı-Palastmuseum, Istanbul, Dost Yayinlari / Bridgeman Images, T. 5964 / XYL161187.

Detail einer Stadtansicht von Aleppo aus dem *Kompendium der Wegstrecken (Beyān al-Manāzil),* einem illustrierten Kriegstagebuch von Maṭrāqci Naṣūh, fertiggestellt 1537. Privatsammlung/ Bridgeman Images, T. 5964/CHT779776.

zu erkennen. Die Gebäudereihen sind Versatzstücke, wobei die Minarette für muslimische religiöse Bauwerke stehen. Auffällig ist, dass der Baustil der Minarette eindeutig osmanisch ist, obwohl 1537, als diese Karte entstand, noch keine Moschee in diesem Stil gebaut worden war. Außerdem gibt es kein Anzeichen für Kirchen und Synagogen, obwohl das Aleppo des 16. Jahrhunderts viele hatte. Wie Heghnar Watenpaugh richtig bemerkt hat, zeigt Maṭrāqci Aleppo „nicht, wie es war, sondern wie es sein sollte".[12]

Die Osmanen blickten immer mehr nach Osten. Auf die Kämpfe in Mesopotamien folgten konzertierte Bemühungen, dem Eindringen der Portugiesen in den Indischen Ozean entgegenzuwirken. In den 1530er-Jahren baute die osmanische Flotte Galeeren in Suez und hatte zudem einen Stützpunkt in Basra eingerichtet. Aden, das traditionelle Tor zum Handel auf dem Indischen Ozean, eroberten die Osmanen 1538. Doch der Kampf auf diesem Ozean erforderte andere Kenntnisse und andere Schiffe als das Mittelmeer. Außerdem erforderte er neue geographische Kenntnisse, so wie Pīrī sie zu bieten hatte. Aus der Sicht des osmanischen Hofs war Pīrīs Weltkarte von 1513 nützlich wegen ihrer Abbildung des Indischen Ozeans, während die Neue Welt nach wie vor eine Kuriosität darstellt. Das erklärt, wieso man die Karte zerteilte; ihr erhaltener Teil, der den Atlantik zeigt, besaß keinen militärischen Wert und wanderte in die Bibliothek. Die Abschnitte über den Indischen Ozean, die Pīrī aus portugiesischen Karten ableitete, wurden einer praktischen Verwendung zugeführt.[13]

1547 berief man Pīrī Re'īs, mittlerweile Kommandeur des Geschwaders in Alexandria und ranghöchster Marineoffizier in Ägypten, von dort ab, damit er sich den Portugiesen im Indischen Ozean stellte. In der gereimten Einleitung zur zweiten Ausgabe des *Buches der Seefahrt*, die 20 Jahre zuvor entstanden war, gestand Pīrī ein, wie anspruchsvoll das Navigieren auf diesem Meer war. Im abgeschlossenen Mittelmeer sind die Entfernungen kurz und ein erfahrener Steuermann kann einen Kompassfehler oder eine ungenaue Karte jederzeit ausgleichen. Das Befahren des größeren Indischen Ozeans war jedoch gefährlicher, und die Portugiesen hatten es in einer Weise gemeistert, die Pīrī Bewunderung abnötigte. Dennoch war sein erster Vorstoß in dieses Meer ein Erfolg, und im Februar 1548 gelang es ihm, eine portugiesische Streitmacht zu vertreiben, die im Vorjahr den äußerst wichtigen Hafen Aden eingenommen hatte. Fünf Jahre später aber schlug sein Feldzug gegen Hormuz fehl, und für dieses Scheitern bezahlte er mit seinem Leben. War Pīrīs Respekt unter Berufskollegen gegenüber den portugiesischen Seefahrern der Grund für seinen Untergang? Hätte er, der jetzt Siebzig- oder sogar Achtzigjährige, kühner sein, die Belagerung von Hormuz 1553 aufrechterhalten und sich den portugiesischen Verstärkungen aus Indien stellen sollen? Vielleicht. Doch wir sollten uns erinnern, dass sein *Buch der Seefahrt* nur das Mittelmeer behandelte. In den tückischen Untiefen des Persischen Golfs war Pīrī ein Fisch im falschen Gewässer.

Astronomen im Observatorium von Galata. Aus Sayyid Luqmāns amtlicher Geschichte des Osmanenhofs von 1581. Universität Istanbul, Bibliothek/ Bridgeman Images, F 1404/XYL155434, fol. 57a.

Das 16. Jahrhundert war das Zeitalter der osmanischen Expansion, und um 1600 regierte der osmanische Sultan das größte Reich der Alten Welt, das von Nordafrika bis zum Irak und vom Balkan bis nach Ägypten reichte. Die Kartographen lieferten nützliche Informationen in militärischen Zusammenhängen, zeichneten Belagerungspläne und die exakten Befestigungen und Einfahrten zu feindlichen Hafenstädten. Außerdem boten osmanische Kartographen wie Pīrī auch eine Weltsicht, die die imperiale Politik mitbestimmte.[14] Diese Sicht war mit der mittelalterlichen Tradition des Islam nur lose verknüpft. Zwar wurden al-Istakhrīs Karten kopiert, jedoch eher aus Nostalgie; die mathematische Geographie eines al-Khwārizmī und al-Idrīsī war kaum interessant. Vielmehr bildete die osmanische Kartenproduktion eine Synthese aus der Wechselwirkung des Reiches mit Kartentypen europäischer Herkunft, darunter Portolane, *isolarii*-Bücher, Rekonstruktionen der *Geographie* des Ptolemäus durch griechische Gelehrte und italienische Stadtansichten. Pīrīs große Leistung bestand darin, dass er sich diese verschiedenen Gattungen aneignete, natürlich auf osmanische und türkische Weise, jedoch durchsetzt mit seinen eigenen Beobachtungen als aktiver Seefahrer. Dank seiner Karten konnte man sich die Meere als osmanische Meere denken.

Pīrī war nicht der Hofkartograph des Osmanischen Reiches. Anders als die Spanier schufen die Osmanen keine amtliche Institution, die geographisches Wissen sammelte, regulierte und zensierte. 1579 ließen die Sultane allerdings ein kurzlebiges Observatorium im Galata-Turm bauen. Seine Innenansicht hält eine Miniatur fest, die eine amtliche Chronik des osmanischen Hofes illustriert, ein 1581 Sultan Murad III. überreichtes Werk (siehe Abb. auf nebenstehender Seite). Im Hintergrund sieht man ungefähr ein Dutzend Astronomen und ihre Instrumente (mehr dazu in Kapitel 6). Ganz vorn steht ein wertvoller Globus, auf dem sich leicht die Umrisse der Kontinente ausmachen lassen. Sichtbar sind die Atlantikküste Südamerikas – wie auf Pīrīs Weltkarte – und ein übergroßes Afrika. Natürlich liegen die osmanisch beherrschten Ländereien in der Mitte. Der Gedanke, die Erde als Globus darzustellen, der uns heute so vertraut ist, war in der islamischen Kartographie neu. Notwendig war ein Globus erst geworden, als die Neue Welt entdeckt war. Da vorher die gesamte bewohnte Welt auf eine Halbkugel beschränkt war, brauchte man keine dreidimensionale Darstellung der Erde. Leider hat weder dieser osmanische Globus des 16. Jahrhunderts noch irgendein anderer seiner Art überlebt. Die Botschaft des Bildes ist aber klar: Die Gelehrten am Observatorium, in Kaftan und Turban gehüllt, mit Quadranten und Astrolabien in der Hand, nehmen teil an einem Zeitalter der Entdeckungen.

صفة دائرة استقبال الى الكعبة المشرفة
وصفة دائرة استقبال البلاد في الطولان

دائرة البلدان

Kapitel 6

Ein Astrolab für den Schah

Vorderseite eines Astrolabs für Schah ʿAbbās II. von Isfahan, gefertigt von Muḥammad Muqīm Yazdī 1647/48. © History of Science Museum, University of Oxford, 45747.

IM JAHR 1057 der islamischen Zeitrechnung, dem Jahr 1647/48 nach christlicher Zeitrechnung, überreichte der Hofastronom des safawidischen Herrschers in Iran, Schah ʿAbbās II., dem jungen Herrscher ein prächtiges astronomisches Instrument, das ebenso mathematisch präzise wie handwerklich außergewöhnlich war. Die Vorderseite des Instruments bildete ein fein gearbeitetes Astrolab, das eine schöne Inschrift mit dem Namen des Sultans trug (siehe Abb. auf nebenstehender Seite). Auf der Rückseite befand sich eine drehbare Visiereinrichtung nebst den Namen des Astronomen und der Handwerker, die das Gerät hergestellt hatten. Außerdem war dort in der oberen rechten Ecke ein Quadrant angebracht, dessen eingravierte Linien es dem Benutzer erlaubten, über die Höhe des Sonnenstandes an ihrem Standort die Richtung zu bestimmen, in der Mekka lag. Auf der Grundplatte des Instruments, unter den abnehmbaren Scheiben des Astrolabs, standen die Längen- und Breitenkoordinaten von 46 verschiedenen Städten in den Ländern der Safawiden, ebenso die in Graden angegebenen Zahlenwerte für die Gebetsrichtung nach Mekka in jeder dieser Städte (siehe Abb. auf S. 158). Von dem Instrument, das Himmelskarten mit der heiligen Geographie des Islam und der politischen Macht des Safawidenreiches kombiniert, geht eine Aura der Herrschaft über Zeit und Raum aus. Wahrlich, das war ein Astrolab für einen Schah.

Astrolabien, die fortschrittlichsten Instrumente zur Zeitbestimmung in vormodernen Gesellschaften, dienten auch der Berechnung des Sonnenauf- und -untergangs sowie zur Horoskoperstellung; auf islamischer Seite waren sie seit dem 9. Jahrhundert gefertigt worden.[1] Die oberste Scheibe auf dem Astrolab ist eine Sternkarte – die Spitzen der Messingzeiger weisen auf eine Auswahl bekannter Sterne. Der innere Kreis in der oberen Hälfte der Sternkarte vollzieht die Bewegung der Sonne über den Himmel in den verschiedenen Monaten des Jahres nach. Diese Karte lässt sich drehen, und die Drehung steht für die tägliche Bewegung des Himmels im Verhältnis zu einem Beobachter auf einer bestimmten geographischen Breite. Wenn der Schah die Zeit wissen wollte, ob tags oder nachts, musste er nichts weiter tun, als die Höhe entweder der Sonne oder eines beliebigen auffälligen Sterns am Himmel zu beobachten. Anschließend drehte er die oberste Scheibe so, dass die Position des beobachteten Sterns mit den Höhenlinien in Deckung kam, die auf der nächsten Scheibe eingraviert waren. Die im Bild gezeigte Scheibe ist speziell auf die Höhe der Position des Schahs abgestimmt – auf seine Hauptstadt Isfahan. Nun konnte er mit bemerkenswerter Präzision an den Zahlen, die auf den Außenkranz graviert waren, die Zeit ablesen. Falls er anderswo durch sein Reich reiste, konnte er die untere Scheibe durch eine weitere ersetzen, die die Höhenwerte auf einer anderen geographischen Breite angab.

ظل اصابع مستوى
ظل اقدام مستوى

Ein Qibla-Quadrant zur Bestimmung der Richtung nach Mekka auf der Rückseite des Schah-ʿAbbās-Astrolabs oben rechts, gefertigt 1647/48. © History of Science Museum, University of Oxford, 45747.

Wie man im safawidischen Isfahan die Richtung nach Mekka herausfindet

Zwar waren Astrolabien in der islamischen Welt schon seit abbasidischer Zeit hergestellt worden, aber der Quadrant auf der Rückseite des Instruments (siehe Abb. auf S. 156) war eine geniale Erfindung der Safawidenzeit. Er gestattete es dem Benutzer, die Richtung Mekkas durch Beobachtung der Sonnenhöhe zu bestimmen. Auf dem für ʿAbbās II. geschaffenen Instrument stehen am Rand des Quadranten die Namen von 14 Städten; vom Ortsnamen führt eine gekrümmte Linie zur Mitte des Instruments. Jede Linie zeigt die Höhe der Sonne am entsprechenden Ort zu jener Zeit, da die Sonne in derselben Richtung steht, wie Mekka liegt. Da sich der Sonnenstand am Himmel im Lauf des Jahres verändert, musste der Benutzer außerdem den Monat oder in diesem Fall das Tierkreiszeichen wissen, unter das die Beobachtungszeit fiel. Die Sonnenbahn wird durch die konzentrischen Viertelkreise wiedergegeben, die jeweils eine Aufschrift für eines der zwölf Tierkreiszeichen tragen. Die Namen dieser zwölf Sternzeichen erscheinen im unteren Bereich des Quadranten.[2]

Wenn der Aufbau des Quadranten erklärt ist, lässt er sich ziemlich einfach zur Ermittlung der Richtung Mekkas nutzen. Zunächst muss man die Kurve finden, die dem eigenen Standort entspricht – und die ihrerseits für die Höhe der Sonne zu der Zeit steht, da sie sich in gleicher Richtung wie Mekka befindet. Wären Sie Schah ʿAbbās II., dann würde es sich dabei um Ihre Hauptstadt Isfahan handeln, für welche die achte Linie von oben steht. Nun finden Sie denjenigen konzentrischen Viertelkreis heraus, der die Jahreszeit vertritt, die hier nicht in islamischen Monaten, sondern in Tierkreiszeichen gemessen wird. Der Schnittpunkt der Kurve für Isfahan mit dem Kreis für die Jahreszeit ergibt den Winkel im Bereich zwischen 0° und 90°, in dem die Sonne über dem Horizont steht, wenn sie sich in der Richtung von Mekka befindet. Beispielsweise schneiden sich die Linien in Isfahan zu Beginn des Wassermanns (also für eine kurze Zeit ab dem 21. Januar) bei etwa 25° Höhe. Erst jetzt müssen Sie tatsächlich zum Himmel blicken und die Höhe der Sonne mit einer Visiereinrichtung, der Alhidade, messen; sie ist an der Rückseite des Astrolabs angebracht. Zum Beispiel würden Sie Ende Januar in Isfahan warten, bis die Sonne sich auf 25° Höhe befindet; nun wissen Sie, dass sie in derselben Richtung wie Mekka steht und folglich dies die Richtung ist, in die Sie sich zum Gebet wenden müssen.

Die kreisförmige Tabelle auf der eingetieften Fläche, auf der sich die Scheiben drehen (folgende Seite), ist eine weitere safawidische Innovation, und zwar eine, in der sich die Faszination ausdrückt, dass es mathematische Methoden gibt, die Richtung von Mekka zu bestimmen. Diese kreisförmige Tabelle hat einen Außen- und einen Innenring mit jeweils vier Zeilen. Die oberste Zeile in jedem Ring gibt den Namen einer Stadt an, die zweite den Längen-

Radiale Basis des Schah-ʿAbbās-Astrolabs mit Koordinaten und Qibla-Werten für 46 Städte, gefertigt 1647/48. © History of Science Museum, University of Oxford, 45747.

grad der Stadt, die dritte ihre Breite und die vierte die Richtung von dort nach Mekka. Das safawidische Instrument berücksichtigte nicht nur die bekannten Koordinaten von Mekka und Isfahan, sondern auch die Erdkrümmung. Für die safawidische Hauptstadt Isfahan – es ist keine Überraschung, dass sie auf dem äußeren Ring ganz oben erscheint – betragen die Werte 86° 40′ Länge (gemessen von einem Nullmeridian in den Kanaren) und 32° 25′ Breite nördlich des Äquators. Die Gebetsrichtung nach Mekka wird mit 40° 28′ westlich des Südens angegeben, umgerechnet 220° 28′. Das ist eine ziemlich präzise Berechnung der Gebetsrichtung von Isfahan aus: Websites, die die neueste Technologie verwenden, nennen je nach verwendeter Berechnungsmethode aktuell Werte zwischen 223° 94′ und 226° 06′.[3]

Tatsächlich hat Schah ʿAbbās dieses Instrument nicht gebraucht, um die Tageszeit oder die Richtung nach Mekka zu wissen, und das nicht nur, weil er der Schah war und jederzeit einen Diener bemühen konnte. Damals verfügte Isfahan bereits über präzise Sonnen- und Wasseruhren, außerdem über mehrere mechanische Uhren, die europäische Handwerker gefertigt hatten. Obendrein war die Gebetsrichtung allen Einwohnern Isfahans wohlbekannt, insbesondere den Würdenträgern am Hof und den religiösen Gelehrten. Schon im 10. Jahrhundert hatten muslimische Wissenschaftler die Richtung nach Mekka von zahlreichen Orten berechnet, darunter auch Isfahan, und im 15. Jahrhundert errechnete eine Gruppe, die an einem Observatorium in Samarkand arbeitete, diese Werte noch genauer. Zwar war das Instrument für den Schah so exakt, wie es im 17. Jahrhundert nur möglich war, doch es stellte nichts dar, das nicht schon bekannt gewesen wäre.

Wie sollen wir dieses großartige Meisterwerk der Metallverarbeitung, Kunst, Wissenschaft und Frömmigkeit stattdessen lesen? Zunächst einmal stellte das Instrument mit seinen Beschriftungen eine Aussage über Machtverhältnisse dar. Die Widmung oben auf dem Astrolab bittet Gott, er möge die Herrschaft des Schah ewig währen lassen und „geben, dass seine Gerechtigkeit und seine Wohltaten sich über die Welten ausbreiten, solange die Sphären sich drehen und die Planeten ihre Bahnen beibehalten".[4] Bei näherem Hinsehen findet man den Herrschernamen – „Sultan Schah ʿAbbās der Zweite" – auf Arabisch in die drehbare Himmelskarte eingearbeitet, knapp innerhalb des Kreises, der die Sonnenbahn darstellt. In Bild und Text ist die Macht des Schah als integraler Bestandteil der Ordnung am Himmel verstanden, erscheint seine Herrschaft so naturgegeben wie die Bahnen der Himmelskörper.

Auf einer weiteren und vielleicht noch tiefsinnigeren Ebene sollte man die Angabe der Richtung nach Mekka durch dieses Instrument als ideologische Aussage zur richtigen Deutung des Willens Gottes werten. Im safawidischen Iran, der die schiitische Auslegung des Islam befolgte, sahen sich die Schöpfer des Instruments in den Kampf zwischen konkurrierenden Lagern schiitischer Gelehrter verwickelt, welche für zwei konkurrierende theologische Ansätze standen. Zwar hat Schah ʿAbbās wohl keine praktische Verwendung für dieses Gerät gehabt, doch bezeugte es seine Unterstützung einer Strömung des islamischen Denkens, die Wert auf philosophische, astronomische und mathematische Forschung legte, und zugleich seine Opposition gegen das traditionalistische Gelehrtentum, das alle religiösen Fragen mit Verweisen auf die heiligen Schriften und eine laienhafte Weltsicht beantwortete. Auf dieser Ebene besteht die Botschaft darin, dass man die Richtung Mekkas durch astronomische Beobachtungen und mathematische Berechnung erkennen könne und dass es sich beim Erwerb dieses astronomischen und mathematischen Wissens um einen Akt der Frömmigkeit handle. Was zählte, war nicht allein die bloße Kenntnis der Richtung nach Mekka, sondern die Fähigkeit, diese heilige Richtung eigenständig, durch die eigenen Kräfte der Überlegung und Beobachtung herausfinden zu können. Dieses Instrument erlaubte es seinen Benutzern, aktiv am Versuch teilzunehmen, Gottes Willen zu ermitteln, statt sklavisch die Meinungen und Urteile anderer zu imitieren.

Die Qibla nach Mekka

Dieses Kapitel zeichnet die Art und Weise nach, in der die Muslime im Lauf der Jahrhunderte ihre sakrale Geographie dargestellt haben und die in der beispiellosen Entfaltung einer Vielzahl von Instrumenten zur Ermittlung der Richtung nach Mekka im Iran der Frühen Neuzeit gipfelte. Anders als in den vorausgehenden Kapiteln werden wir nicht den Spuren der Schöpfer des Astrolabs für Schah ʿAbbās II. folgen, obwohl uns ihre Namen bekannt sind.[5] Stattdessen soll unser Interesse an dieser Stelle der Art gelten, wie die bildlichen Darstellungen der Richtung nach Mekka verschiedene religiöse Einstellungen innerhalb der großen Meinungsvielfalt der islamischen Welt spiegelten und darstellten. Insbesondere Karten zur Ermittlung der Richtung nach Mekka bildeten gegensätzliche Vorstellungen zum Wert wissenschaftlicher Konzepte und Instrumente ab: Manche Muslime nutzten und integrierten die Genauigkeit wissenschaftlicher Technik im Dienst ihrer religiösen Identitäten, anderen dagegen lag weniger an Präzision denn am Zugang zum Wissen für Laien und an der Bindung an frühere Traditionen.[6]

Die Bestimmung der Richtung nach Mekka ist eine rituelle Pflicht für alle Muslime. Der Koran gibt vor, die Muslime sollten in Richtung der Kaaba in Mekka beten (Sure 2,144–150). Diese Gebetsrichtung unterscheidet die Muslime im Koran anscheinend von anderen Glaubensgemeinschaften – was sich zweifellos auf die Juden bezieht, die nach Jerusalem gewandt beten, und auf die Christen, die sich nach Osten wenden. Auf Arabisch heißt die Richtung der Kaaba *qibla*, ein Begriff, der später in allen Sprachen der muslimischen Welt, ja sogar von arabischsprachigen Juden und Christen verwendet worden ist, um ihre eigenen heiligen Gebetsrichtungen zu bezeichnen. Die nachkoranische Tradition erweiterte dann die Bedeutung der heiligen Richtung über das Gebet hinaus und verlangte, dass diverse rituelle Handlungen zur Kaaba gerichtet ausgeführt werden müssten, darunter das Begräbnis, die Rezitation des Koran und die rituelle Schlachtung; seine Körperfunktionen dagegen soll man in einer senkrecht zu Mekka gewandten Richtung verrichten. Damit wurde die Qibla in die physische Landschaft der muslimischen Gesellschaften eingeschrieben, in die Friedhöfe und vor allem in die Moscheen, wo die Gebetsnische (der *miḥrāb*) in Richtung der Kaaba zu orientieren war.

Während das Gebet zur Kaaba hin eine rituelle Pflicht darstellt, ist die Ermittlung der Richtung zur Kaaba ein Akt der religiösen Deutung. Die Verse, welche die Muslime anweisen, nach Mekka gewandt zu beten, wurden Muhammad offenbart, während er in der Stadt Medina nördlich von Mekka im Exil lebte; daher betete er genau nach Süden gewandt. In den Generationen nach Muhammads Tod folgten viele frühe Muslime einfach seinem Vorbild und beteten exakt in Südrichtung, gleich wo sie waren. Andere leiteten die Richtung Mekkas von der Richtung jenes Weges ab, der am jeweiligen Ort nach Arabien führte. Am häufigsten jedoch nutzten die Muslime das, was man als Volksastronomie bezeichnet hat. Das hieß, dass sie Himmelserscheinungen am Horizont beobachteten, etwa den Aufgang und Untergang von Himmelskörpern, und diese anschließend mit der Richtung nach Mekka gleichsetzten. Die Wintersonnenwende, der kürzeste Tag des Jahres, besaß eine besondere Bedeutung: Häufig nahmen die Muslime im Irak an, die Gebetsrichtung sei die Richtung, in der die Sonne an jenem Tag unterging; im frühislamischen Ägypten wiederum setzte man die Richtung nach Mekka mit der Richtung des Sonnenaufgangs im Winter gleich.

Als die Muslime während des 8. und 9. Jahrhunderts Moscheen im ganzen Mittleren Osten zu bauen begannen, war die Ausrichtung der Gebetsnischen daher so vielfältig wie die Orte, an denen sie entstanden. Bei den Gebetsrichtungen, die die Muslime beachteten, handelte es sich stets um Annäherungen; die Architekten der Zeit bedienten sich keiner mathematischen Berechnungen. Das führte sogar innerhalb derselben Stadt zu einer Vielzahl von Orientierungen.[7] Die große Moschee von Córdoba, erbaut 784, wendet ihre Gebetswand nach Südosten bei 152°, und das, obwohl die Gelehrten in al-Andalus sehr wohl wussten, dass Mekka fast exakt ostwärts auf 100° lag. Wahrscheinlich ist, dass man die Moschee entsprechend dem Straßennetz aus römischer Zeit ausrichtete und sich damit an die lokalen Bedingungen anpasste. Im zentralasiatischen Samarkand des 11. Jahrhunderts waren jene Moscheen, die der hanafitischen Rechtsschule folgten, exakt nach Westen orientiert, entsprechend der Straße zur arabischen Halbinsel, während Moscheen, die der schafi'itischen Schule verbunden waren, genau nach Süden zeigten, dem Vorbild des Propheten in Medina gemäß. Manche Moscheen orientierten sich als Kompromiss zwischen beiden Schulen nach Südwesten, wogegen

السادس لان آخره الذي هو اوله هذا واخره الذي يلي الجنوب حيث وقع الطرف الاقصى الشمالي
من الاقليم الذي يليه وهو السادس وذلك سمت خوارزم وطوله من شرقا وغربا وقع طرفه
الاقصى الذي يلي الشمال في اقاصي ارض الصقالبة واطراف الترك الذي يلي خوارزم الشمال ووقع
ووقع وسطه في بلاد اللان ... بلا دون معروفة

وقال عبد الله بن عمرو الدنيا مسيرة خمسمائة سنة اربعمائة سنة خراب ومائة عمران ومواضع
المسلمين منها سنة ○ وعن ابي الجلد قال الارض اربعة وعشرون الف فرسخ السودان
اثنا عشر الف فرسخ والروم ثمانية الاف فرسخ وفارس ثلاثة الاف والعرب الف فرسخ ○

ذكر مملكة الاسلام

اعلم ان مملكة الاسلام حرسها الله تعالى ليست بمستوية

Qibla-Diagramm aus al-Muqaddasīs *Die besten Unterteilungen zur Kenntnis der Regionen*, Abschrift von 1494. © bpk Bildagentur / Staatsbibliothek Berlin, Orientabteilung, MS. Sprenger 5 (Ar. 6034), fol. 34.

die Freitagsmoschee der Stadt auf den Punkt des Sonnenuntergangs zur Wintersonnenwende ausgerichtet war.

Ähnlichen Annäherungscharakter besaßen die ersten kartographischen Darstellungen zur Richtung der Qibla; als wichtigstes Mittel zu ihrer Auffindung hoben sie die Beobachtung des Auf- und Untergangs von Sternen hervor. Ein solches schematisches Diagramm für die Richtung der Qibla findet sich in der spätmittelalterlichen Abschrift einer geographischen Abhandlung von al-Muqaddasī, einem Anhänger von al-Iṣṭakhrī, der im 10. Jahrhundert wirkte. Selbst wenn diese Abbildung kein originaler Bestandteil von al-Muqaddasīs Traktat gewesen sein sollte, scheint sie doch ein frühislamisches Schema der Sakralgeographie wiederzugeben (siehe Abb. auf S. 162).[8] Die Kaaba erscheint in der Mitte des Diagramms als großes Quadrat mit der Beischrift „Heiliges Haus Gottes“. Ihre Südostmauer erscheint oben, der Schwarze Stein, der Mittelpunkt der Verehrung, in der Ostecke des Bauwerks oben links. Laut dem Koran und der islamischen Tradition haben Abraham und Ismael den Tempel in Mekka auf Gottes Befehl erbaut, und so ist links neben der Kaaba der Maqām Ibrāhīm angegeben, der Ort, wo die beiden standen, als sie sie errichteten. Wie das Bild zeigt, sollte das Gebet auf die Kaaba selbst ausgerichtet sein, es erlaubt dem Gläubigen, sich vorzustellen, dass er vor einer bestimmten Wand stehe, so als stünde er auf dem Gelände der Heiligen Moschee rund um die Kaaba.

Der Kreis, der die Kaaba umgibt, ist in acht Sektoren eingeteilt, von denen jeder für die Gebetsrichtung aus einer der Regionen der islamischen Welt im 10. Jahrhundert steht. Alle Regionen im gleichen Sektor haben grob gesagt die gleiche Qibla. Beispielsweise gibt der Sektor unten rechts, gleich unter der Nordecke der Kaaba, die Gebetsrichtung für Regionen und Städte genau nördlich von Mekka an, von al-Urdun (dem heutigen Ostjordanland) bis Armenien. Der Text zum Diagramm erklärt, die Gebetsrichtung in diesen Gebieten sei durch die Beobachtung des Aufgangs der Capella bestimmt worden, eines der hellsten Sterne am Himmel. Der Nachbarsektor unten links steht für die Gebetsrichtung in den Häfen entlang der Westküste der Arabischen Halbinsel. In diesen Gebieten hat man die Gebetsrichtung durch Beobachtung des Aufgangs zweier Sterne ermittelt, die als „Fliegender Adler“ und „sich niederlassender Adler“ bezeichnet werden.

Während dieses Schema lediglich eine grobe Aufteilung der Welt in acht Sektoren liefert, berechneten die Mathematiker der Abbasidenzeit bereits exakte Qibla-Richtungen in Graden und Minuten. Die erste uns bekannte mathematische Bestimmung der Qibla stammt aus Bagdad im frühen 9. Jahrhundert. Im 10. Jahrhundert behandelte der Landvermesser al-Buzdschānī die Aufgabe, die Richtung nach Mekka zu ermitteln, als Problem der sphärischen Trigonometrie. Den Betrag des Winkels nach Mekka errechnete er, indem er die Winkel eines gekrümmten Dreiecks bestimmte, dessen Eckpunkte Mekka, der Nordpol und der Zielort sind. Um die Gebetsrichtung herauszufinden, musste man die Längen- und Breitenwerte von Mekka und des eigenen Standorts kennen, dazu den eigenen Abstand von Mekka. Außerdem benötigte man eine Tabelle mit Sinus-, Tangens- und Cotangenswerten und musste den Sinussatz auf die sphärische Trigonometrie anwenden.[9] Das war nicht gerade ein triviales mathematisches Problem, doch in den folgenden Jahrhunderten erstellten die kundigsten Gelehrten ihrer Zeit Tabellen mit Qibla-Werten für Hunderte von Städten in der ganzen muslimischen Welt.

Doch dieses neue mathematische Wissen führte zu einem unerwarteten Problem: Die von den Wissenschaftlern errechneten Qibla-Werte stimmten nicht mit der räumlichen Ausrichtung der Moscheen überein, die ältere Generationen von Muslimen erbaut hatten. In Ägypten etwa waren die frühislamischen Moscheen auf den Sonnenaufgang zur Wintersonnenwende gerichtet, eine Orientierung, die um mindestens 10° von den Berechnungen auf der Basis von Längen- und Breitenkoordinaten abwich. Im Deltagebiet Nordägyptens, wo die errechnete Orientierung der Südosten war, zeigten die meisten Gebetsnischen genau nach Süden, so als folgten sie der Orientierung syrischer Moscheen. Al-Dimyāṭī, ein Gelehrter aus dem Delta im 12. Jahrhundert, versuchte diese Diskrepanz aufzulösen, indem er die verschiedenen ihm bekannten Methoden zur Auffindung der Qibla durchging. Während er die Gültigkeit der Aufteilung der Welt in Einzelzonen und die mit der volkstümlichen Astronomie verknüpfte Beobachtung des Auf- und Untergangs von Sternen nicht in Frage stellte, argumentierte er doch, dass man letztlich die Qibla auf mathematischem Weg finden müsse und es in jeder Region nur eine einzige korrekte Qibla geben könne, womit er die pluralistische Vielfalt der früheren Generationen verwarf.[10]

Al-Dimyāṭī veranschaulicht seine Argumentation durch ein Diagramm (siehe Abb. auf nebenstehender Seite), auf dem oben links die rechteckige Kaaba erscheint, die nach Süden orientiert ist; in der Ostecke des Bauwerks erscheint der Schwarze Stein. Die „präzise" (*samt*, daher das Wort „Azimut") Gebetsrichtung von Kairo aus zeigt die Linie oben rechts. Unter der Azimutlinie für Kairo befinden sich Linien mit der Gebetsrichtung von – im Uhrzeigersinn – Jerusalem, Damaskus und Aleppo aus. Die geschlängelte Linie zeigt den Pilgerweg von Ägypten und Palästina aus und erlaubt es dem Benutzer dieses Diagramms, seine Gebetsrichtung anzupassen, während er sich auf die Kaaba zubewegt. Mit sanfter Gewalt tut al-Dimyāṭī die grobe Segmenteinteilung ab, die frühere Generationen verwendet haben, und schreibt die unkorrekte Ausrichtung frühislamischer Moscheen der unvollständigen Islamisierung Ägyptens zu dieser Zeit zu. Die korrekte islamische Praxis, so scheint er nahelegen zu wollen, sieht so aus, dass man mit allen möglichen Mitteln die Qibla des eigenen Standorts bestimmt und die Präzedenzfälle aus früheren Generationen übergeht.

Abbildung mit den Qibla-Richtungen von Ägypten und Syrien. Aus al-Dimyāṭīs Abhandlung über die geheiligte Richtung, Abschrift von 592/1196. Bodleian Library, University of Oxford, MS. Marsh 592, fol. 88b.

وهذه صورة ذلك والعجب العجاب
من رضي المخالفة سبيلهم فا
استوى والله تعالى يلهم
الرشد من يشاء من عباده
بفضله

جنوب
الكعبه
مشرق
مغرب
شمال
وهذه صورة ذلك
جهة الشام
سمت قبلة مصر
الطريق
رابغ
بدر
الصفرا
المدينه
السبع
الحورا
مصر
مدين
ايله
بيت المقدس
سمت قبلة دمشق
دمشق
سمت قبلة حلب

الباب التاسع في الادله
الشرعيه التي نصبها الله تعالى لعباده يستدلون بها
على سداد استقبالهم واستقامه طرقهم في اسفارهم

Qibla-Karte aus einem Portolan, hergestellt in einer Familienwerkstatt in Sfax im heutigen Tunesien 1571–72. Bodleian Library, University of Oxford, MS. Marsh 294, fol. 4b.

Im Spätmittelalter kamen neue Techniken auf, mit denen sich Zeit und Raum exakter ermitteln ließen. Im 13. Jahrhundert unterhielten viele Moscheen in Ägypten und Syrien einen hauptberuflichen Zeitmesser, *muwaqqit* genannt, der zuständig war für astronomische Beobachtungen mit dem Zweck, Zeit und Richtung für die Gebete zu bestimmen. Außerdem brachte man in den Moscheen komplizierte Sonnen- und Wasseruhren an. In Iran beaufsichtigte der schiitische Universalgelehrte Nāṣir al-Dīn al-Ṭūsī (1201–1274) den Bau eines astronomischen Observatoriums mit großer Kuppel, das die neuen Mongolenherrscher in ihrer Hauptstadt Maragha gründeten, und lieferte neue Datensätze zur Bewegung der Himmelskörper. Seine Messungen verbesserte im 15. Jahrhundert ein Astronomenkreis, der in einem neuen Observatorium in Samarkand arbeitete – das übrigens heute noch steht.

Das wohl wichtigste neue Produkt der spätmittelalterlichen Technik war der Magnetkompass, dessen revolutionäre Folgen für die Navigation Gegenstand des letzten Kapitels waren. Die Verwendung von Kompasspeilungen hatte die Fähigkeit dramatisch verändert, an jedem beliebigen Ort exakt die Qibla zu bestimmen. Das kartographische Ergebnis dieses Wandels konnte optisch spektakulär ausfallen, wie ein besonders schönes Qibla-Diagramm in jenem Portolanatlas zeigt, den die Familie der Sfaksī im 16. Jahrhundert anfertigte und der heute in der Bodleian Library liegt (siehe Abb. auf nebenstehender Seite).[11] In der Mitte des Diagramms erscheint die vertraute Gestalt der Kaaba, nach Süden orientiert, mit dem schwarzen Stein nahe der Ostecke. Unten links neben dem Brunnen Zamzam ist der Maqām Ibrāhīm, beide gegenüber der Nordostwand der Kaaba. Die Bauten sind weit stärker ausgeschmückt als auf der schlichten Wiedergabe im Traktat al-Muqaddasīs. Wie auf einer Seekarte ist die Kaaba der Ausgangspunkt für Rumbenlinien, die in eine Windrose mit 32 Spitzen ausstrahlen. Jede der 32 Spitzen führt zu einer bildlich dargestellten Gebetsnische, einem Mihrab, und in jeder dieser Nischen kann man die Namen von drei Regionen oder Städten finden. Zum Beispiel erscheinen Bagdad, Kufa und Basra zusammen auf 8.00 Uhr, während Fes und Marrakesch genau westlich auf 3.00 Uhr liegen.

Infolge der Einführung des Kompasses konnte der Kartenzeichner die begrenzte Sektorenzahl älterer Diagramme in immer feinere Scheiben aufteilen. Außerdem erledigte der Kompass die Notwendigkeit, nach dem Aufgang oder Untergang bestimmter Konstellationen zu suchen, um sich dadurch zu orientieren. Die Einbeziehung dieses Diagramms in einen Atlas mit Seekarten lässt vermuten, dass es von Seefahrern auf Reisen verwendet wurde, die gern ihre Gebetsrichtung anpassen wollten, während sie sich entlang der Mittelmeerküste bewegten. Bemerkenswert ist aber auch, dass die Orte einheitlich rund um die Kaaba verteilt und ihnen keine Zahlenwerte zugewiesen werden. Mehr noch, eine andere Abschrift desselben Atlas weist rund um den Ring eine grundlegend andere Verteilung von Orten auf, was nahe-

دائرة يعرف بها محاريب البلاد وصفة كل استقبال الى الكعبة المشرفة
وقد تقدم معرفة استخراج المحاريب وصفة كل استقبال البلاد في الطوان

قال الله العظيم في محكم كتابه الحكيم وحيث ما كنتم فولوا وجوهكم شطره

legt, dass die Qibla-Richtungen hier nur als grobe Annäherung gedacht sind. Alles in allem ist die Wirkung hauptsächlich dekorativ-ritualistisch und strebt das Diagramm ungeachtet der Kompassrichtungen nicht nach mathematischer Genauigkeit.

Die Safawiden und die Qibla

Der für Schah ʿAbbās II. gefertigte Qibla-Quadrant, der für die blühende Produktion von Astrolabien und Qibla-Anzeigern unter den Safawiden steht, hatte seine Wurzeln in dem ideologischen Umbruch, der der Gründung der Dynastie im Jahr 1501 folgte. Ihr Gründer, Schah Ismail, war der charismatische Anführer einer mystischen Sufi-Gruppe in Nordiran, dem heutigen Aserbaidschan. Ismail, der eine göttliche Abstammung reklamierte und sich der Heldenbilder der reichen Tradition des persischen Epos bediente, gelang der Sieg über die vielen Timuridenfürsten, die die verschiedenen Städte in Iran kontrollierten. Innerhalb eines Jahrzehnts schmiedete er ein persischsprachiges Reich, das mit den Osmanen im Westen und dem Mogulreich in Indien rivalisierte. Am wichtigsten ist aber, dass Ismail für die Verbindung zwischen iranischer und schiitischer Identität verantwortlich war, die uns heute so geläufig ist. Er erklärte die Zwölferschia zur offiziellen Reichsreligion und lud schiitische Gelehrte aus der ganzen islamischen Welt an seinen Hof.[12]

Wie viele andere radikale Revolutionsregimes in der Geschichte versuchten auch die Safawiden, die geltenden Vorstellungen von Zeit und Raum zu verändern. Für manche bedeutete das eine Rückkehr zum Vorbild des Propheten, der genau nach Süden betete. Diese Haltung vertrat eine der obersten religiösen Autoritäten des neuen Regimes, ʿAlī ibn Ḥusain al-Karakī († 1534). Al-Karakī, der ursprünglich aus dem Libanongebirge stammte, zählte zu jenen schiitischen Gelehrten, die im frühen 16. Jahrhundert an den Hof Schah Ismails strömten. Als glühender Revolutionär vertrat al-Karakī die Auffassung, so wie der Prophet genau nach Süden gebetet hatte, müssten auch alle Gläubigen an allen Orten, einschließlich des Iran, mit „dem Steinbock zwischen den Schultern" beten.[13] Al-Karakī übernahm dabei das Beispiel des Propheten ebenso wie die Praxis seiner eigenen Heimat, des Libanon, von wo aus Mekka tatsächlich genau südlich lag. Gleichzeitig griff er auf die Werkzeuge der Volksastronomie zurück, die den Laien geläufig waren, und ignorierte jede mathematische Berechnung der Qibla. Er überzeugte den Safawidenschah, nur dann werde die Revolution vollständig sein, wenn die Gebetsnischen jeder einzelnen Moschee im safawidischen Iran neu ausgerichtet würden.[14]

Auf al-Karakī folgten andere traditionalistische Gelehrte der Schia, die sich an den Aussprüchen der schiitischen Imame der ersten islamischen Jahrhunderte orientieren wollten und die mathematischen Wissenschaften mit Skepsis betrachteten. Für diese Traditionalisten war die Astronomie im Grunde spekulativ und hatte keine Grundlage in der Heiligen

Schrift. Ihre Behauptungen enthielten mehr als nur ein Körnchen Wahrheit: Die für die Koordinaten angesetzten Werte, besonders die Längenangaben, beruhten auf sehr schwachen Grundlagen und waren unter den Astronomen und den diversen astronomischen Tabellen höchst umstritten. Außerdem wiesen die Traditionalisten darauf hin, dass die unter Astronomen weithin akzeptierte Annahme einer kugelförmigen Erde nie bewiesen worden sei.[15] Und wirklich behauptete eine Minderheit der muslimischen Religionsgelehrten des Mittelalters, die Erde sei flach, zum Teil unter Hinweis auf die Tatsache, dass die Sonne beim Aufgang und Untergang größer und am Mittag kleiner erscheint.[16]

Doch im Lauf der folgenden Jahrzehnte wich al-Karakīs radikaler Traditionalismus einem ebenso radikal rationalistischen Traditionsstrang der schiitischen Gelehrsamkeit, einer als die *uṣūlī* bekannten Gruppe, die von der Pflicht des Menschen sprachen, ständig nach der Ermittlung von Gottes Willen zu streben, und sie an ein aktives Interesse für Mathematik und Philosophie banden. In der nächsten Generation erklärte einer der wichtigsten Vertreter der *uṣūlī*-Strömung, der führende schiitische Gelehrte Ḥusain ibn ʿAbd al-Ṣamad († 1576), wer die Iraner anleite, genau nach Süden zu beten, sei nicht nur im Irrtum, sondern zeige außerdem blinden Herdentrieb und Engstirnigkeit. In einer Abhandlung, die sich mit der Ermittlung der Gebetsrichtung in Iran beschäftigte, führte Ḥusain ibn ʿAbd al-Ṣamad auf der Grundlage mathematischer und astronomischer Beweise vor, dass alle Gebiete des Iran in Bezug auf Mekka weiter östlich auf einem anderen Längengrad liegen und das Gebet genau nach Süden folglich die Iraner vom richtigen Weg abbringe. In Maschhad beispielsweise solle man nach Südwesten beten, in die Richtung 225°, und die genannten Werte sind je nach geographischer Lage für jede Stadt anders.[17] Diese Debatte kreiste nicht allein um die praktische Frage, wie die Qibla zu bestimmen sei. Ḥusain ibn ʿAbd al-Ṣamad stieß sich an jeglichem blinden Vertrauen auf die Ansichten früherer Gelehrter und verlangte, jede Generation müsse Gottes Willen beständig ergründen. Auf die Meinungen toter Juristen könne man sich nicht verlassen; fähige Gelehrte müssten die Wahrheit selbst herausfinden.[18]

Damit wurde die Frage, wie man die Qibla bestimmte, zur symbolischen Frontlinie zwischen den beiden Lagern der Rationalisten und der Traditionalisten, besonders nachdem Schah ʿAbbās I. (1588-1629) die Hauptstadt der Safawiden nach Isfahan verlegt hatte. Die rationalistischen Uṣūlīs, die der Hof jetzt förderte, machten Isfahan zu ihrem Zentrum und schufen dort ein einmaliges Geistesklima. Die Uṣūlī-Gelehrten Isfahans waren ebenso sehr Philosophen und Naturwissenschaftler wie Juristen und Theologen. Ḥusain ibn ʿAbd al-Ṣamads Sohn, der Scheich al-Islam Bahā al-Dīn al-ʿAmilī († 1620 oder 1621), war nicht nur das geistliche Oberhaupt der Stadt, sondern auch Mathematiker und ein Verfechter des Gebrauchs von Astrolabien. Als ausgebildeter Ingenieur war er verantwortlich für einen Großteil des

Weltkarte auf Messing zur Ermittlung der Richtung nach Mekka. Iran, 17. Jahrhundert. © The al-Sabah Collection, Dar al-Athar al-Islamiyyah, Kuwait, LNS 1106 M v4.

raschen Wachstums Isfahans zu einer der größten Städte der Welt, entwarf öffentliche Plätze ebenso wie Wohngebiete. Außerdem leitete er den Bau einer Sonnenuhr in der Sulaymanīya-Madrasa und führte die Berechnungen durch, die sicherstellten, dass alle neuen Moscheen in der Stadt in die korrekte Gebetsrichtung zeigten.

In diesem einzigartigen religiösen Klima des safawidischen Isfahan erreichte die Produktion von Astrolabien um 1640 ihren Höhepunkt, ehe Isfahan 1722 von afghanischen Truppen geplündert wurde. Für die Uṣūlīs symbolisierten diese Instrumente die Vermählung von Glauben und Wissenschaft, eine Kombination aus Frömmigkeit und ständiger rationaler Untersuchung. Die Geräte erlaubten es dem Schah selbst und anderen Mitglieder der Elite, Gottes Gebote mit größerer Präzision zu erfüllen; jede solche Metallkonstruktion vermittelte eine eigene sozialpolitische und intellektuelle Aussage. Wie der französische Reisende Jean Chardin 1666 bemerkte, hatte jeder, den er am Hof von Isfahan traf, sein eigenes Astrolab dabei und „hütete es wie einen Edelstein“.[19] Gleichzeitig unterstrichen die Instrumente den Anspruch der Dynastie auf die vorislamische Tradition des göttlichen Herrschertums. Zu derselben Zeit begannen die Safawiden das Nowruz-Fest zu fördern und zu unterstützen, das „kaiserliche“ Neujahr (im Gegensatz zum islamischen), das am 21. März gefeiert wurde. Der zentrale Moment dieser Feiern bestand darin, dass der Oberastronom des Schah sich zum Palast begab und nach Befragung seines Astrolabs den genauen Augenblick der Tagundnachtgleiche verkündete. Gemäß seiner Ablesung der Angaben auf dem Instrument würden Frühling und Schöpfung neu beginnen.

Außer den Astrolabien entstanden im safawidischen Isfahan auch neue Geräte zur Ermittlung der Qibla, und die bemerkenswerteste Innovation bestand in der Herstellung von Weltkarten mit Mekka im Zentrum, die der modernen Gelehrtenwelt erst in den späten 1980er-Jahren bekannt geworden sind.[20] Eines von drei bekannten Objekten dieser Art, die noch erhalten sind, befindet sich heute im Dar al-Athar al-Islamīyah in Kuwait (siehe Abb. auf nebenstehender Seite). Mekka erscheint im Mittelpunkt der Scheibe an der Stelle, wo das Lineal an der Metallplatte befestigt ist, und zwar auf einem Gitter aus Längen- und Breitenlinien, in dem es mathematisch bei 77° 10′ Ost und 21° 40′ Nord eingezeichnet ist. Die geraden Längenlinien erstrecken sich je 48° westlich und östlich von Mekka in gleichen Abständen von 2° zueinander; sie reichen auf der einen Seite bis zur Westspitze Nordafrikas und auf der anderen bis zum äußersten China. Die gekrümmten Breitenlinien beginnen an der Unterseite des Gitters bei 10° Nord, der Breite von Aden, und reichen hinauf bis 50° Nord, der Breite des Landes der Bulgaren (dem heutigen Bulgarien). In die Felder des Gitternetzes sind die Namen von 140 Städten und Regionen der islamischen Welt eingraviert, und jede Aufschrift steht neben einem Punkt, der die exakte Position im Netz angibt.

Die Funktion des Lineals, das um die Achse von Mekka rotiert, besteht in der Angabe, in welcher Richtung Mekka liegt und wie weit es von dem jeweiligen Ort entfernt ist. Sobald das Lineal auf einen der Punkte ausgerichtet ist, lässt sich die Richtung nach Mekka auf der minutiös ausgearbeiteten Skala am Rand des Instruments ablesen. Die Skalenmarkierungen auf dem Lineal selbst zeigen die Entfernung zwischen Mekka und dem gewählten Ort, gemessen in Parasangen; eine Parasange entspricht einer Tagesreise zu Fuß. Der Text in der Kartusche unten rechts auf der Scheibe gibt auf Persisch Anweisungen, wie man das Lineal gebraucht: „Wenn du das Durchmesser-Lineal auf die Breite und Länge irgendeiner Stadt ausrichtest, zeigt es dir die Richtung und den Abstand der Qibla.“[21]

Rechteckige Steck-Sonnenuhr mit Qibla-Anzeiger aus dem Iran, 18. Jahrhundert. © History of Science Museum, University of Oxford, 48472.

Die mathematische Raffinesse hinter diesem Instrument ist beachtlich, mögen die tatsächlichen Einträge für die Orte auch von Fehlern wimmeln. Die Wissenschaftshistoriker*innen sind (wie so oft) völlig uneins, mit welcher Methode das Gerät genau konstruiert wurde. Offensichtlich ist die hier verwendete Projektion nicht jene schlichte rechtwinklige Projektion, die typisch für frühmittelalterliche Versuche der Landkartenkonstruktion ist (um die es in Kapitel 1 ging). Die kurvenförmigen Breitenlinien sind ein Erfordernis der Kartenfunktion, da man die Erdkrümmung beachten muss, um die korrekte Richtung und Entfernung zur Kaaba zu finden. Die Berechnung des Abstandes zwischen der Kaaba und jedem einzelnen Ort beruht wahrscheinlich auf sphärischer Trigonometrie und der Anwendung von Sinuswerten auf die Erdoberfläche. Prinzipiell gestattete das Gerät seinem Benutzer, von jedem Punkt der islamischen Welt und darüber hinaus Richtung und Entfernung nach Mekka zu finden, solange die Koordinaten des eigenen Standorts bekannt waren.

Diese auf Mekka zentrierte, mathematisch-maßstäbliche Weltkarte ist der Inbegriff für die Verschmelzung von Astronomie und Frömmigkeit unter den Safawiden, für „die Wissenschaft im Dienst des Islam“.[22] Außer der eigentlichen Karte enthielt die Vertiefung an der Unterseite der Scheibe ursprünglich einen Kompass und am Gerät war eine Sonnenuhr wahrscheinlich europäischer Fertigung angebracht. Der persische Text der anderen beiden Kartuschen erklärt, wie man die Sonnenuhr und den Kompass verwenden soll. Dieses ziemlich schwere Instrument hat man wohl nicht mit auf Reisen genommen: mit einem Radius von 22,5 cm war es eher ein Prunkstück. Besonders reich geschmückt ist es jedoch nicht und war auch nicht für den Schah selbst bestimmt. In den letzten beiden Jahrzehnten sind zwei andere Exemplare dieses Prototyps bekannt geworden. Der Instrumentenmacher, der sich auf einem der beiden anderen Geräte Muḥammad Ḥusain nennt, hat eindeutig auf mehr als nur einen Kunden gehofft.

Anfang des 18. Jahrhunderts wurden Instrumente, die einen Qibla-Anzeiger mit einer Sonnenuhr und einem Kompass verbanden, zu einem beliebten Artikel im safawidischen

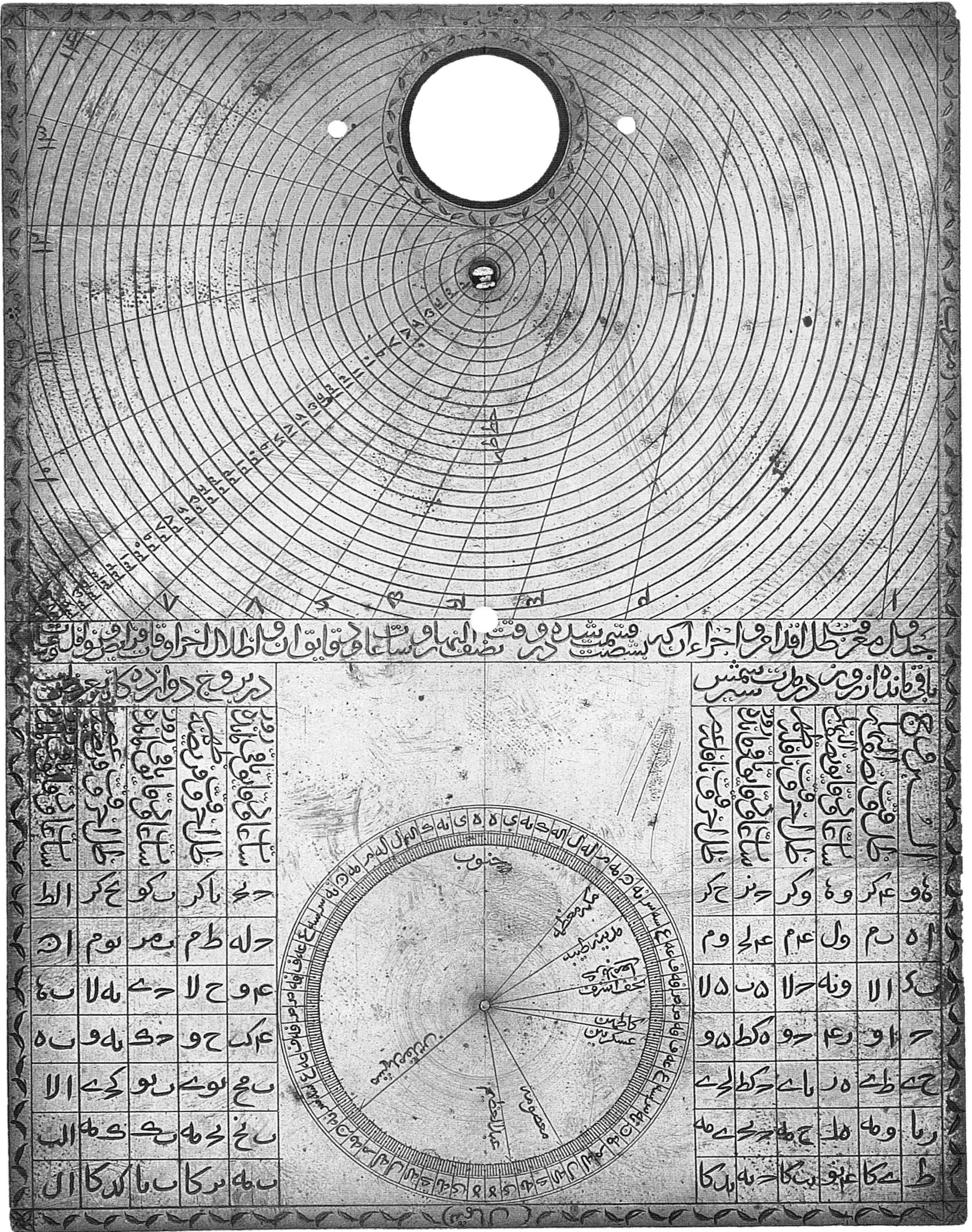

شمال
مدينه طيبه
مكه معظمه
بحرين
بغداد

Taschen-Qibla-Anzeiger und horizontale Steck-Sonnenuhr aus dem Iran, wahrscheinlich 19. Jahrhundert. © History of Science Museum, University of Oxford, 43645/57-84/44.

Isfahan. Im Vergleich mit den ausgetüftelten Astrolabien waren diese frommen Apparate leichter zu gebrauchen und wahrscheinlich auch viel billiger. Außerdem verband man sie in zunehmendem Maß mit spezifisch schiitischen Frömmigkeitsformen. Das hier (siehe Abb. auf S. 173) gezeigte rechteckige Instrument, heute im Oxforder History of Science Museum, stammt vielleicht von ʿAbd al-Aʾimma, der uns durch seine Signatur auf mehreren Astrolabien für reiche Kunden am Safawidenhof bekannt ist. Dies jedoch ist ein viel schlichteres Gerät, das vielleicht an einer öffentlich zugänglichen Stelle verwendet wurde, wahrscheinlich in einer Moschee oder auf einem Platz. Die obere Hälfte besteht aus einer Sonnenuhr; man sieht die Stundenlinien, aber der Zeiger (der Stab, der den Schatten wirft) fehlt. Die Scheibe im unteren Teil des Instruments ist auf Isfahan als Zentrum ausgerichtet, Süden ist oben. Die Richtung nach Mekka wird bei 40° im Südwesten angegeben, entsprechend der Standardgebetsrichtung für Isfahan von 220°. Außerdem zeigt die Scheibe die Richtungen anderer heiliger Stätten, von denen die meisten die Grabstätten schiitischer Imame sind. Beispielsweise liegt die Linie, welche die Richtung zur heiligen Stadt Maschhad in Nordiran angibt, genau gegenüber der Linie nach Mekka; ein Benutzer in Isfahan konnte hier außerdem die Richtung von Nadschaf im Südirak und von al-Maʿṣūma finden, was sich auf das Grab der Prophetentochter Fāṭima in der Stadt Ghom bezieht. Die hier eingetragene Sakralgeographie ist universell islamisch und spezifisch schiitisch zugleich.

Selbst nach dem Sturz der Safawiden dauerte die Produktion einfacher Qibla-Anzeiger an. Dieses hübsche kleine Objekt (siehe Abb. auf nebenstehender Seite) entstand wahrscheinlich erst im 19. Jahrhundert. Mekka ist wieder in die Mitte der Scheibe gewandert, die nach Norden orientiert ist. Wichtige Städte und Regionen der islamischen Welt erscheinen auf Mekka bezogen, und man hat versucht, nicht nur die Richtung der Qibla zu erhalten, sondern auch die entsprechende Entfernung. Gewissermaßen ist es eine vereinfachte Miniatur der oben behandelten mekkazentrischen Weltkarte, und wahrscheinlich hatte sie ebenfalls ein rotierendes Lineal, das heute fehlt. Die fernste Stadt im Westen ist Alexandria, die nördlichsten aufgenommenen Städte liegen in Anatolien (dort zählt Istanbul nicht zu ihnen). Die Dichte der iranischen Städte ist im Osten viel höher, und Isfahan erscheint nordöstlich von Mekka, auf halbem Weg zwischen der Mitte des Kreises und den Außengrenzen der persischsprachigen Welt. Früher füllten eine schlichte Sonnenuhr und ein Glaskästchen für einen Magnetkompass die untere Hälfte der Scheibe; aber Sonnenuhrzeiger und Kompass sind verschwunden. Auf der Rückseite des Instruments steht eine Tabelle in winziger Schrift, die für die 32 muslimischen Städte die Qibla-Richtung angibt.

Der Besitzer dieses Instruments hatte die heilige Welt des Islam in der Tasche. In einer Zeit, als aus Europa importierte mechanische Taschenuhren in Mode kamen, verließ sich dieses Instrument auf Methoden, welche von der islamischen Tradition gedeckt waren. Die Sonnenuhr erlaubte eine hinreichend genaue Messung, genau genug, um die Gebetszeiten zu kennen. Der Kompass reichte, um die Gebetsrichtung zu finden, und selbst wenn er verloren ging oder falsch anzeigte, ließ sich auch die Sonnenuhr zur Grundorientierung verwenden. Die Karte selbst, welche die Kernlande des Islam von Iran bis Ägypten abdeckte, konnte es Kaufleuten gestatten, auf jeder nur vorstellbaren Zwischenstation ihrer Reisen die Gebete nach Mekka auszurichten. Über den praktischen Gebrauch hinaus war dies zugleich ein Objekt persönlicher Frömmigkeit, mit dem der Besitzer sich und andere an die Gegenwart Gottes erinnerte. Und wie das für ʿAbbās II. geschaffene Astrolab gestattete es auch dieses Instrument seinem Besitzer, die Messungen selbst abzulesen; es erlaubte ihm, an einer wissenschaftlichen, rationalen Erkundung der Gebetsrichtung teilzunehmen und mittelbar auch an einer Erforschung von Gottes Willen auf der Grundlage seiner Schöpfung.

Mekka-Fliese aus Iznik oder Kütahya in der heutigen Türkei, ca. 1650. © The Trustees of the British Museum, 2009. 6039. 1.

Der Islam und die Karten

Im Lauf der Geschichte des Islam hat die bildliche Projektion der Verehrung für die Kaaba viele Formen angenommen. Manchmal geschah dies mittels Karten oder Diagrammen, die die Kaaba im Mittelpunkt eines Kreises aus acht oder mehr Sektoren zeigte, wobei jede Region der bekannten Welt je einer Wand oder Ecke der Kaaba zugekehrt war. Andere Muslime versuchten die Richtung nach Mekka ins Bild zu bringen, indem sie direkte Verbindungslinien und genaue Berechnungen verwendeten. Der Unterschied zwischen diesen Optionen ergab sich teilweise aus der verfügbaren Technik und dem Kenntnisstand – der Kompass gestattete viel höhere Präzision, wenn man sich zum Gebet ausrichtete, und Fortschritte in der sphärischen Trigonometrie und der Beobachtung der Himmelskörper öffneten den Weg zu exakten mathematischen Lösungen. Doch die Variationen der kartographischen Wiedergabe beruhten ebenso auf unterschiedlichen Auffassungen des Verhältnisses von Islam und Wissenschaft.

In der islamischen Rechtsliteratur wird das Problem, wie man die Gebetsrichtung bestimmt, als Musterfall aller Fragen angesehen, die eine unabhängige Untersuchung durch den Gläubigen verlangen. Die Karten, mit denen man die Richtung Mekkas auffinden konnte, spiegeln widersprüchliche Haltungen gegenüber der Rolle einer solchen unabhängigen Untersuchung. Die meisten mittelalterlichen Karten gaben nur annähernde Richtungen an und ließen damit Spielraum für Mehrdeutigkeit und Flexibilität. Es gab immer mehr als nur eine Antwort in der Frage, wie man die Qibla bestimmte. Die safawidischen Instrumente, die mit einem politisch aktiven, philosophisch ausgerichteten Zweig des schiitischen Denkens zu tun hatten, wollten Mehrdeutigkeit und Pluralität ausschließen und durch mathemati-

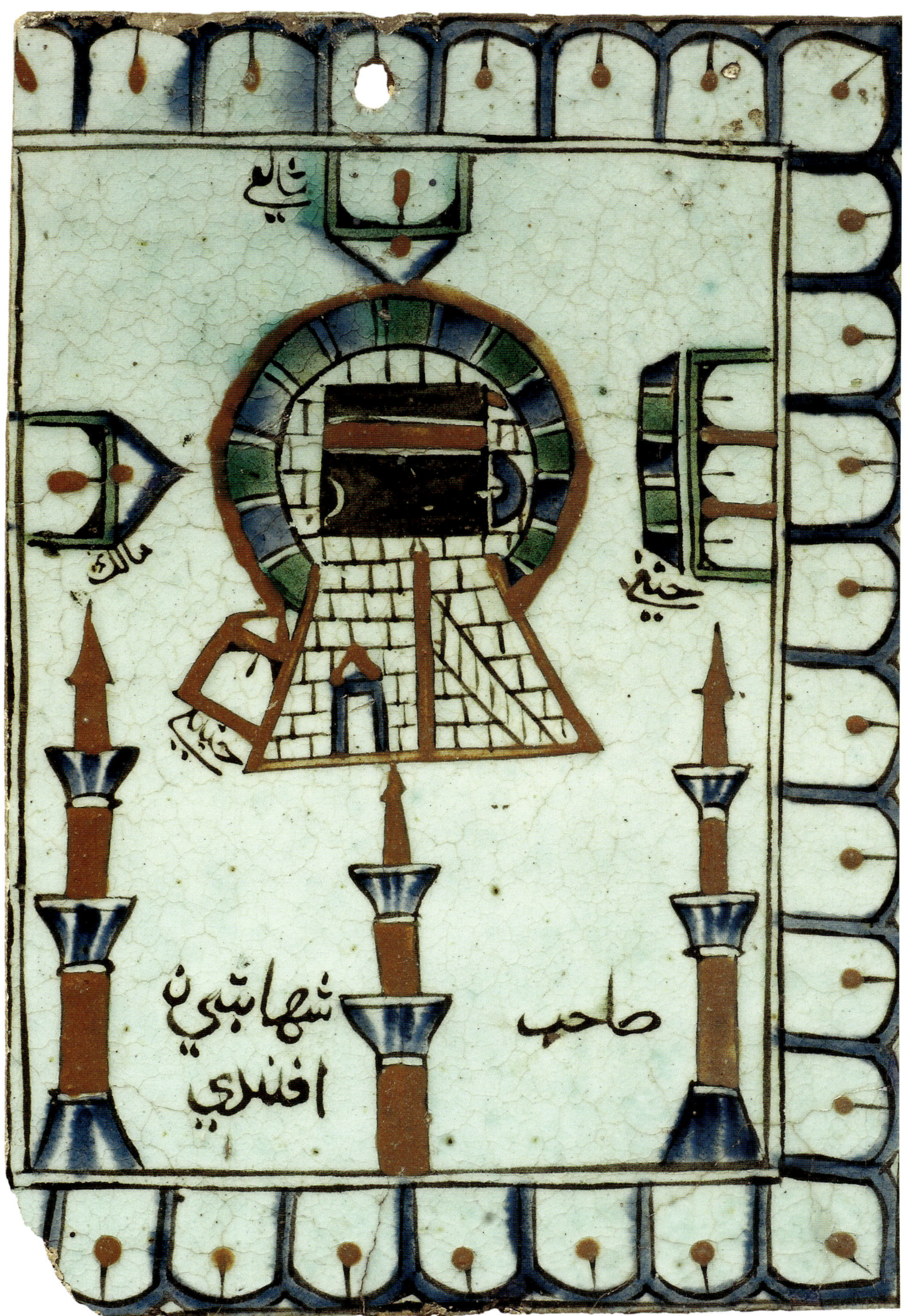
شافعي
مالكي
حنفي
حنبلي
صاحب
شهابتين
افندي

sche Genauigkeit ersetzen. Seit dieser Zeit haben immer mehr moderne Muslime die Gewissheit der Naturwissenschaft in den Dienst ihres Glaubens stellen wollen. Doch dieser Ansatz hat seine eigenen Probleme. Ist das Gebet eines Menschen, der die Richtung nach Mekka mithilfe eines globalen Navigationssystems bestimmt, wert- oder verdienstvoller als das Gebet eines Menschen, der sich auf eine Schätzung verlässt? Ist man damit ein besserer Muslim?

Mittelalterliche Qibla-Karten hatten auch andere Funktionen. Beispielsweise ließen sie die Kaaba näher scheinen, rückten sie in Reichweite. Besonders die früheren, abstrakten Diagramme zeigten die Details des rechteckigen Bauwerks, die Position des Schwarzen Steins in der Ostecke und noch andere heilige Stätten im Heiligen Bezirk von Mekka. Für eine Person, die in fernen Landen betete, machten sie das Sich-Ausrichten nach Mekka konkret und bedeutsam, ungeachtet der mathematischen Genauigkeit. Solche Visualisierungen hatten viel mit der zweidimensionalen Ansicht des Heiligen Bezirks gemeinsam, mit denen Pilgerhandbücher und die begehrten Bescheinigungen illustriert waren, die Pilger heimbrachten, die den Haddsch abgeschlossen hatten. Im 17. Jahrhundert hatten osmanische Künstler diese zweidimensionale Ansicht in ein Fliesendekor übersetzt (siehe Abb. auf S. 177). Wunderschöne Kacheln, die den heiligen Bezirk in leuchtenden Glasurfarben zeigten, entstanden in den Keramikzentren Kütahya und Iznik. Das älteste erhaltene Beispiel befindet sich an der Ostwand der Hagia Sophia in Istanbul. Es ist auf 1642 datiert und damit ungefähr zeitgleich mit dem Astrolab, das in Isfahan für Schah ʿAbbās geschaffen wurde.[23]

Laut einer Tradition, die man auf den Propheten zurückführt, ist Mekka der Nabel der Erde.[24] Aber die Muslime betrachteten Mekka nicht wortwörtlich als Zentrum der Welt, nicht einmal auf den Qibla-Diagrammen, Quadranten, Tabellen und Anzeigegeräten, die dieses Kapitel vorgestellt hat. Die Richtung nach Mekka war wichtig, aber sie formte nicht die Grundlagen der vorherrschenden geographischen Konzepte. Al-Iṣṭakhrī begann seinen Kartensatz der Welt des Islam mit einer Darstellung der Arabischen Halbinsel. Ein Fatimidenkalif zeigte Mekka und Medina auf seiner kostbaren Weltkarte an herausragender Stelle und auf der geheimnisvollen rechteckigen Weltkarte im *Buch der Merkwürdigkeiten* ist Mekka mit einem markanten gelben Hufeisen gekennzeichnet. Aber die Hervorhebung Mekkas zählt nur am Rande zu den Zielen, die diese Kartographen mit ihren Karten erreichen wollten, und vollständig fehlt sie im Gitternetz al-Idrīsīs und in den Seekarten von Pīrī Reʾīs.

Tatsächlich waren Mekka und die Kaaba nicht zentral für die meisten vormodernen islamischen Weltbilder, die die Tendenz hatten, theologische Erzählung und kartographische Wiedergabe zu trennen. Die Karten, die in den mittelalterlichen islamischen Gesellschaften entstanden, projizierten die politische Macht, die Einheit der islamischen Welt oder die Universalität wissenschaftlicher Forschung. Sehr selten, wenn überhaupt, transportierten sie dagegen Bilder der Erlösung und theologische Narrative – im scharfen Gegensatz zu den meisten mittelalterlichen europäischen Karten, die am Ostrand des Erdenrunds das Paradies zeigten. Das ist vielleicht deshalb möglich, weil die muslimische Theologie sich die Kaaba niemals als physischen Wohnsitz Gottes vorgestellt hat. Während die Juden zum Tempel in Jerusalem gerichtet beteten, weil er einst Gottes Gegenwart beherbergt hatte, sahen der Koran und seine späteren Kommentatoren die Anweisung, gen Mekka zu beten, als Akt des Gedenkens und als Zeichen der Gruppenidentität an.[25]

Anders als häufig behauptet hat die Südorientierung vieler islamischer Karten nichts mit der Heiligkeit Mekkas zu tun. Tatsächlich gibt es für islamische Karten keine einheitliche Orientierung, und im Lauf der Reise, die unser Buch darstellt, haben wir ganz verschiedene kennengelernt. Zwar befindet sich Süden auf den meisten mittelalterlichen islamischen Weltkarten oben, aber höchstwahrscheinlich ist das einfach eine Gewohnheit. Dieses verbreitete Missverständnis bezüglich der Ausrichtung islamischer Karten erinnert daran, dass es weder notwendig noch wünschenswert ist, solche Karten auf die religiösen Überzeugungen ihrer Schöpfer zu reduzieren. Wie dieses Buch gezeigt hat, spiegeln die Karten – als Kunstwerke, Produkte der Wissenschaft, der politischen Propaganda und als Ausdruck der Frömmigkeit – auf einmalige Weise die unglaubliche Reichhaltigkeit, Vielfalt und weiten Horizonte jener Gesellschaften wider, die sie hervorgebracht haben.

Zeittafel

170 n. Chr.	Tod des griechischen Geographen Ptolemäus von Alexandria
622	Hidschra: Übersiedlung des Propheten Muhammad von Mekka nach Medina
	Beginn des islamischen Kalenders
632	Tod des Propheten Muhammad in Medina
632 – 656	Arabisch-muslimische Eroberung des Nahen Ostens
661	Herrschaftsbeginn der Omaiyadendynastie in Damaskus
711	Muslimische Eroberung Spaniens
750	Herrschaftsbeginn der Abbasidendynastie
762	Gründung Bagdads als abbasidische Hauptstadt
813 – 833	Herrschaft des Abbasidenkalifen al-Maʾmūn
827	Beginn der muslimischen Herrschaft auf Sizilien
ca. 847	Tod von al-Khwārizmī
909	Herrschaftsbeginn der schiitischen Fatimidendynastie in Nordafrika
ca. 950	Tod von al-Iṣṭakhrī
969	Gründung der fatimidischen Hauptstadt Kairo
1068 – 1071	Normannische Eroberung Siziliens
1099	Eroberung Jerusalems durch die Kreuzfahrer
1130 – 1154	Herrschaft König Rogers II. von Sizilien
1171	Ende der Fatimidendynastie in Kairo
1258	Ende der Abbasidendynastie in Bagdad
1260	Aufstieg der Mamlukendynastie in Ägypten und Syrien
1453	Osmanische Eroberung von Konstantinopel/Istanbul
1492	Fall von Granada: Ende der islamischen Herrschaft in Spanien
1501	Gründung der schiitischen Safawidendynastie in Iran
1517	Osmanische Eroberung Syriens und Ägyptens. Ende der Mamlukendynastie
1554	Tod von Pīrī Reʾīs
1632 – 1666	Herrschaft von Schah ʿAbbās II. in Iran
1765	Ende der safawidischen Herrschaft in Iran

Anmerkungen

Einleitung

1 Zu den neueren Darstellungen zählen Karen Pinto, *Medieval Islamic Maps: An Exploration.* Chicago, IL / London (University of Chicago Press) 2016; Tarek Kahlaoui, *Creating the Mediterranean: Maps and the Islamic Imagination.* Leiden / Boston (Brill) 2018; Zayde Antrim, *Mapping the Middle East.* London (Reaktion Books) 2018 und Yossef Rapoport / Emilie Savage-Smith, *Lost Maps of the Caliphs: Drawing the World in Eleventh-Century Cairo.* Chicago, IL / London (University of Chicago Press) und Oxford (Bodleian Library) 2018. Alle genannten Werke gründen auf der maßgeblichen Einführung in die islamische Kartographie: J. B. Harley / David Woodward (Hgg.), *History of Cartography*, vol. 2, Book 1: *Cartography in the Traditional Islamic and South Asian Societies.* Chicago, IL / London (University of Chicago Press) 1992, jetzt bei Chicago University Press im Volltext online zugänglich unter www.press.uchicago.edu/ucp/books/book/chicago/H/bo3625863.html (Zugriff 18. Februar 2019).

2 Jerry Brotton, *A History of the World in Twelve Maps.* London (Penguin Books) 2013, S. 14.

3 J. B. Harley / David Woodward (Hgg.), *History of Cartography*, vol. 1: *Cartography in Prehistoric, Ancient, and Medieval Europe and the Mediterranean.* Chicago, IL / London (University of Chicago Press) 1987, S. xvi.

4 ʿUbayid Allāh ibn ʿAbd Allāh ibn Khurradādhbih, *[Kitāb] al-Masālik wa-al-Mamālik*, hg. von Michael Jan de Goeje. Leiden (Brill) 1889, S. 182–83, zitiert nach: Travis Zadeh, 'Of Mummies, Poets, and Water Nymphs: Tracing the Codicological Limits of Ibn Khurradādhbih's Geography', in: Monique Bernards (Hg.), *ʿAbbasid Studies IV. Occasional Papers of the School of ʿAbbasid Studies (Leuven, July 5–July 9, 2010).* Warminster (Gibb Memorial Trust) 2013, S. 8–75. Zur Zauberkraft von Karten siehe Brotton, *A History of the World in Twelve Maps*, S. 3. (Dt.: *Eine Geschichte der Welt in zwölf Karten*)

1 Die Nilkarte eines Mathematikers

1 Der arabische Text ist erschienen als: al-Khwārizmī, *Das Kitāb Ṣūrat al-Arḍ des Abū Ǧaʿfar Muḥammad ibn Mūsā al-Khuwārizmī*, hg. von Hans von Mžik. (Bibliothek Arabischer Historiker und Geographen 3.) Leipzig (Otto Harrassowitz) 1926. Bisher ist das vollständige Werk in keine europäische Sprache übersetzt worden. Die Längen- und Breitentabellen, die den Großteil der Abhandlung ausmachen, sind zusammengefasst in: E. S. Kennedy / M. H. Kennedy, *Geographical Coordinates of Localities from Islamic Sources.* Institut für Geschichte der Arabisch-Islamischen Wissenschaften an der Johann Wolfgang Goethe-Universität, Frankfurt am Main 1987.

2 Zur Darstellung der Nilquellen in geographischen Quellen der klassischen und islamischen Zeit siehe Robin Seignobos, „L'origine occidentale du Nil dans la géographie latine et arabe avant le XIVe siècle", in: Nathalie Bouloux / Anca Dan / Georges Tolias (Hgg.), *Orbis Disciplinae: hommages en l'honneur de Patrick Gautier-Dalché.* Turnhout (Brepols) 2017, S. 371–94. Zu Ptolemäus' Beschreibung der Nilquellen und deren Rezeption durch europäische Autoren des Mittelalters vgl. Patrick Gautier-Dalché, *La géographie de Ptolémée en Occident (IVe–XVIe siècle).* Turnhout (Brepols) 2009, S. 58.

3 ʿAlī ibn al-Ḥusain al-Masʿūdī, *Kitāb al-Tanbīh wa-al-Ishrāf*, hg. von Michael Jan de Goeje. Leiden (Brill) 1894, S. 33. Meine hier gebotene Übersetzung unterschiedet sich leicht von der Version in G. R. Tibbetts, „The Beginnings of a Cartographic Tradition", in: Harley / Woodward (Hgg.), *History of Cartography*, Bd. 2, Buch 1: *Cartography in the Traditional Islamic and South Asian Societies*, S. 96.

4 Fuat Sezgin, *Mathematische Geographie und Kartographie im Islam und ihr Fortleben im Abendland. Kartenband.* (Geschichte des arabischen Schrifttums 12.) Institut für Geschichte der arabisch-islamischen Wissenschaften an der Johann Wolfgang Goethe-Universität. Frankfurt am Main 2000, S. 4. Siehe auch Jean-Charles Ducène, „L'Afrique dans les mappemondes circulaires arabes médiévales: typologie d'une représentation', in: Robin Seignobos / Vincent Hiribarren (Hgg.), *Cartographier l'Afrique: construction, transmission et circulation des savoirs géographiques du Moyen Âge au XIX siècle.* Sonderheft von *Cartes & Géomatique: Revue du Comité Français de Cartographie* 210 (2011), S. 19–36; dort S. 31, Abb. 1.

5 Vgl. al-Khwārizmī, *Das Kitāb Ṣūrat al-Arḍ*, S. 139 Z. 4 („eine Stadt, die keinen Namen auf der Karte hat") und S. 77 Z. 9 („andere [Flüsse?], die auf der Karte nicht genannt sind"). Siehe außerdem Tibbetts, „The Beginnings of a Cartographic Tradition", S. 100.

6 Weitere Erörterungen zu dieser Nilkarte bei Rapoport / Savage-Smith, *Lost Maps of the Caliphs*, S. 101–124.

7 Zu einer Raman-Spektroskopie der in der Handschrift benutzten Pigmente vgl. Tracey D. Chaplin / Robin J. H. Clark / Alison McKay / Sabina Pugh, „Raman Spectroscopic Analysis of Selected Astronomical and Cartographic Folios from the Early 13th-Century Islamic *Book of Curiosities of the Sciences and Marvels for the Eyes*'. *Journal of Raman Spectroscopy* 37 (2006), S. 865–877.

8 Kennedy / Kennedy, *Geographical Coordinates of Localities from Islamic Sources* S. 377.

9 Gerald R. Tibbetts, „Later Cartographic Developments", in: Harley / Woodward (Hgg.), *History of Cartography*, Bd. 2, Buch 1: *Cartography in the Traditional Islamic*

and South Asian Societies, S. 153. Fuat Sezgin, der als erster die Bedeutung dieser Karte erkannte, meint, es handle sich um die Kopie einer maßstäblichen Karte, die al-Khwārizmī für den Kalifen al-Maʾmūn angefertigt habe (Sezgin, *Mathematical Geography and Cartography in Islam and their Continuation in the Occident.* (3 Bde.) [Englische Übersetzung von Band 10–12 der *Geschichte des arabischen Schrifttums.*] Institut für Geschichte der Arabisch-Islamischen Wissenschaften an der Johann Wolfgang Goethe-Universität, Frankfurt am Main 2000–2007.

10 Yossef Rapoport / Emilie Savage-Smith (Hgg. und Übss.), *An Eleventh-Century Egyptian Guide to the Universe: The 'Book of Curiosities'.* (Islamic Philosophy, Theology and Science, Texts and Studies 87.) Leiden (Brill) 2014, S. 442–43.

2 Eine Welt des Islam in Kreisen und Linien

1 So der Titel von al-Iṣṭakhrīs Werk in den spätmittelalterlichen persischen Übersetzungen. Der arabische Originaltext hieß wahrscheinlich *Karten der Weltregionen* (*Ṣuwar al-Aqālīm*). Dazu Jean-Charles Ducène, „Quel est le titre véritable de l'ouvrage géographique d'al-Iṣṭaḫrī?' *Acta Orientalia Belgica* 19 (2006), S. 99–108.

2 Eingehendere Untersuchungen der von al-Iṣṭakhrī angefertigten Karten finden sich in mehreren wichtigen Publikationen jüngster Zeit: Pinto, *Medieval Islamic Maps*; Antrim, *Mapping the Middle East*; sowie Nadja Danilenkos Dissertation „Picturing the Islamicate World in the Tenth Century: The Story of al-Iṣṭaḫrī's *Book of Routes and Realms*", Freie Universität Berlin 2018. Ich danke Nadja Danilenko für die Durchsicht einer Vorversion dieses Kapitels und für zahlreiche Anregungen und Verbesserungen.

3 Emilie Savage-Smith, „Memory and Maps", in: Farhad Daftary / Josef W. Meri (Hgg.), *Culture and Memory in Medieval Islam: Essays in Honour of Wilferd Madelung.* London (I.B. Tauris) 2003, S. 109–127, Abb. 1–4.

4 Zayde Antrim, *Routes and Realms: The Power of Place in the Early Islamic World.* Oxford (Oxford University Press) 2012.

5 Al-Iṣṭakhrī, *Kitāb al-Masālik wal-Mamālik = Viae regnorum: descriptio ditionis moslemicae*, hg. von Michael Jan de Goeje. (Bibliotheca Geographorum Arabicorum 1.) Leiden (Brill) 1873 (Ndr. 1967), S. 3.

6 Eine aktuelle Neubewertung der Vita Ibn Ḥauqals und der erhaltenen Abschriften seines Werks bietet Chafik Benchekroun, „Requiem pour Ibn Hauqal: sur l'hypothèse de l'espion fatimide". *Journal Asiatique* 304, 2 (2016), S. 193–211.

7 Antrim, *Routes and Realms*, S. 117–119.

8 Al-Muqaddasī, *Aḥsan al-Taqāsīm fī Maʿrifat al-Aqālīm*, hg. von Michael Jan de Goeje. (Bibliotheca Geographorum Arabicorum 3.) Leiden (Brill) 1877, S. 10 (Übs. des Autors); übersetzt als *The Best Divisions for Knowledge of the Regions: A Translation of 'Ahsan al-Taqāsīm fī Maʿrifat al-Aqālīm'* von Basil Anthony Collins. Reading (Garnet Publishing/Centre for Muslim Contribution to Civilization) 1994.

9 Al-Muqaddasī, *Aḥsan al-Taqāsīm*, S. 11.

10 Ibn Ḥauqal, *Kitāb Ṣūrat al-Arḍ*, hg. von J. H. Kramers. (Bibliotheca Geographorum Arabicorum 2.) 2 Bde. Leiden (Brill), 2. Aufl. 1938–39, S. 2–3 (Übs. des Autors). Eine etwas abweichende Deutung dieser Passage bei Antrim, *Routes and Realms*, S. 111f., 114 (die ein breiteres Publikum annimmt).

11 Vgl. Danilenko, „Picturing the Islamicate World in the Tenth Century".

12 Vergleiche die Karte des Indischen Ozeans im Exemplar der British Library, Or. 1587, fol. 39r, abgebildet in Gerald R. Tibbetts, „The Balkhī School of Geographers", in: Harley / Woodward (Hgg.), *History of Cartography*, vol. 2, Book 1: *Cartography in the Traditional Islamic and South Asian Societies*, S. 127, Abb. 5.23. Tibbetts wies dem Manuskript einen indischen Ursprung zu; diesen Irrtum konnte Nadia Danilenko berichtigen.

13 Pinto, *Medieval Islamic Maps*, S. 219–78.

14 Laut Pinto hätten die Kopisten des 15. Jahrhunderts Änderungen an den Legenden der Weltkarte vorgenommen, sodass sie die Gebietsansprüche der Osmanen als Erben des Byzantinischen Reichs spiegelten (*Medieval Islamic Maps*, S. 271–78). Meiner Ansicht nach sind die Änderungen minimal, und die Abschrift bleibt überwiegend der Weltsicht al-Iṣṭakhrīs aus dem 10. Jahrhundert sehr treu.

3 Das geheimnisvolle *Buch der Merkwürdigkeiten*

1 Zur Entdeckung des *Buchs der Merkwürdigkeiten*, dessen Beitrag zur Kartographiegeschichte und zur Geschichte der weltweiten Kommunikation an der Wende des letzten Jahrtausends vgl. Rapoport / Savage-Smith, *Lost Maps of the Caliphs*. Der Text der Abhandlung ist zusammen mit einer Übersetzung erschienen als Rapoport / Savage-Smith, *An Eleventh-Century Egyptian Guide to the Universe.*

2 Ibn Ḥawqal, *Kitāb Ṣūrat al-Arḍ*, S. 71 (Übersetzung des Autors).

3 Muḥammad ibn Muḥammad al-Idrīsī, *Nuzhat al-Mushtāq fī Ikhtirāq al-Āfāq: opus geographicum, sive 'Liber ad eorum delectationem qui terras peragrare studeant'* (9 Teile in 2 Bden.), hgg. Alessio Bombac / Umberto Rizzitano / Roberto Rubinacci / Laura Veccia Vaglieri. Neapel (Istituto Universitario Orientale di Napoli / Istituto Italiano per il Medio ed Estremo Oriente) 1970–76, Bd. 1, S. 282.

4 Diese faszinierende, oft auch sehr drastische Ethnographie der Arabischen Halbinsel im Spätmittelalter ist vor Kurzem von G. Rex-Smith ins Englische übersetzt worden: *A Traveller in Thirteenth-Century Arabia: Ibn al-Mujāwir's 'Tārīkh al-Mustabṣir'.* London (Routledge) 2017.

5 Muḥammad ʿAbd al-Raḥīm Jāzim (Hg.), *Irtifāʿ al-dawlah al-Muʾayyadīyah: jibāyat bilād al-Yaman fī ʿahd al-Sulṭān al-Malik al-Muʾayyad Dāwūd ibn Yūsuf al-Rasūlī, almutawaffá sanat* 721 H/1321 M. Sanaa (Centre Français d'Archéologie et de Sciences Sociales de Sanaa) 2008.

4 Das Gitternetz des Sharīf al-Idrīsī

[1] Tariq Ali, *A Sultan in Palermo*. London / New York (Verso) 2006. (Dt.: *Der Sultan von Palermo*. München (Diederichs) 2005.)

[2] Muḥammad ibn Muḥammad al-Idrīsī, *La première géographie de l'Occident*, übs. Amédée Jaubert, rev. Henri Bresc / Annlies Nef. Paris (Flammarion) 1999.

[3] Brotton, *A History of the World in Twelve Maps*, S. 54–81. (Dt.: *Die Geschichte der Welt in zwölf Karten)*

[4] S. Maqbul Ahmad, ‚Cartography of al-Sharīf al-Idrīsī', in: Harley / Woodward (Hgg.), *History of Cartography*, Bd. 2, Buch 1: *Cartography in the Traditional Islamic and South Asian Societies*, S. 156–174.

[5] Eine ausgezeichnete Zusammenfassung der neueren Forschung bietet Jean-Charles Ducène, „Al-Idrīsī, Abū ʿAbdallāh", in: Kate Fleet / Gudrun Krämer / Denis Matringe / John Nawas / Everett Rowson (Hgg.) *Encyclopaedia of Islam*, (3. Aufl.), https://referenceworks.brillonline.com/browse/encyclopaedia-of-islam-3 (Zugriff 18. Februar 2019). Dieser Lexikonartikel führt außerdem alle Übersetzungen und modernen Studien zu al-Idrīsī auf.

[6] Erstmals identifiziert wurde dieser Text von Alloua Amara und Annlies Nef, „Al-Idrīsī et les Hammūdides de Sicile: nouvelles données biographiques sur l'auteur du *Livre de Roger*". *Arabica* 48 (2001), S. 121–27. Siehe auch Wael Abu-'Uksa, „Lives of Frankish Princes from al-Ṣafadī's biographical dictionary, *al-Wāfī bil-Wafayāt*". *Mediterranean Historical Review* 32 Nr. 1 (2017),S. 83–104.

[7] Al-Idrīsī, *Nuzhat*, S. 5 (nach Originalübersetzung des Autors).

[8] Abu-'Uksa, „Lives of Frankish Princes".

[9] Al-Idrīsī, *Nuzhat*, S. 6 (nach Originalübersetzung des Autors).

[10] Al-Maqrīzī, *al-Mawāʿiẓ wa-al-Iʿtibār fī Dhikr al-Khiṭaṭ wal-Āthār*, 4 Bde, hg. von Ayman Fu'ad Sayyid. London (Mu'assasat al-Furqān li'l -Turāth al-Islāmī) 2002, Bd. 2, S. 305 (nach Originalübersetzung des Autors).

[11] Die *Unterhaltung* enthält Verweise auf Ereignisse des Jahres 1157, vielleicht sogar 1158, etwa die Herrschaftsübernahme Friedrichs I. Barbarossa in Burgund. Vgl. al-Idrīsī, *La première géographie de l'Occident*, S. 18; 40.

[12] Neun Teilkarten aus einer frühen Abschrift von al-Idrīsīs Werk, die von ca. 1300 stammt, geben in den Kartenbeschriftungen Zahlenwerte für Orte im Ersten Klima nahe am Äquator an. Ducène ist der Ansicht, al-Idrīsī selbst habe diese Koordinatenwerte eingefügt, doch kommen sie nicht im Text der Abhandlung vor und können sehr wohl der Zusatz eines Kopisten sein. Vgl. Jean-Charles Ducène, „Les coordonnées géographiques de la carte manuscrite d'al-Idrīsī (Paris, BNF ar. 2221)". *Der Islam* 86, 2 (2009), S. 271–285.

[13] Brotton, *A History of the World in Twelve Maps*, S. 75. (Dt.: *Die Geschichte der Welt in zwölf Karten)*

[14] Tarek Kahlaoui, „The Maghrib's Medieval Mariners and Sea Maps". *Journal of Historical Sociology* 30 (2017), S. 47.

[15] Brotton, *A History of the World in Twelve Maps*, S. 81. (dt.: *Die Geschichte der Welt in zwölf Karten)*

[16] Die maßgebliche Erörterung zum Thema bietet Jean-Charles Ducène, *L'Europe et les géographes arabes du Moyen Age (IXe-XVe siècle): 'La grande terre' et ses peuples: conceptualisation d'un espace ethnique et politique*. Paris (CNRS) 2018.

[17] Jean-Charles Ducène, „L'Europe dans le cartographie arabe médiévale". *Belgeo: Revue Belge de Géographie* 3-4 (2008), S. 261f.

[18] A.F.L. Beeston, „Idrisi's Account of the British Isles". *Bulletin of the School of Oriental and African Studies* 13 Nr. 2 (1950), S. 278.

[19] Kahlaoui, „The Maghrib's Medieval Mariners and Sea Maps".

[20] Al-Idrīsī, *Nuzhat* S. 13 (Originalübersetzung des Autors).

5 Die Horizonterweiterung eines osmanischen Admirals

[1] Die beste Einführung in Leben und Werk von Pīrī Reʾīs bieten weiterhin Svat Soucek, „Islamic Charting in the Mediterranean", in: Harley / Woodward (Hgg.), *History of Cartography* Bd. 2, Buch 1: *Cartography in the Traditional Islamic and South Asian Societies*, S. 263–287, und Soucek, „Pīrī Re'īs", in: P. Bearman / Th. Bianquis / C. E. Bosworth / E. van Donzel / W. P. Heinrichs (Hgg.), *Encyclopaedia of Islam* (2. Aufl.), https://referenceworks.brillonline.com/browse/encyclopaedia-of-islam-2 (Zugriff 25. Mai 2018). Ein ebenfalls nützlicher Leitfaden, besonders zu den Handschriften: Mine Esiner Özen, *Pirî Reis and his Charts.* Istanbul (N. Refioğlu) 1998. Mehrere Ausgaben liegen von Pīrīs Weltkarte und seinem *Buch der Seefahrt* vor; die jüngsten Editionen und Übersetzungen sind Fikret Sarıcaoğlu, *Pîrî Reîs in Dünya Haritası 1513 = The World Map of Pîrî Reîs 1513* Ankara (T.C. Kültür ve Turizm Bakanlığı) 2014, sowie Pîrî Reis, *The Book of Bahriye* (hg. und übs. von Bülent Özükan). Istanbul (Boyut Yayınları) 2013.

[2] Kahlaoui, „The Maghrib's Medieval Mariners and Sea Maps".

[3] Sarıcaoğlu, *The World Map of Pîrî Reîs*, S. 43. Zur Weltkarte vgl. auch Gregory C. McIntosh, *The Piri Reis Map of 1513*. Athens, GA (University of Georgia Press) 2000.

[4] Sarıcaoğlu, *The World Map of Pîrî Reîs*, S. 88.

[5] a. a. O. S. 97–98.

[6] a. a. O. S. 27.

[7] *Pîrî Reʿis, The Book of Bahriye*, S. 14.

[8] Vgl. Cristoforo Buondelmonti, *Description of the Aegean and Other Islands* (hg. und übs. von Evelyn Edson). New York (Italica Press) 2018.

[9] *Pîrî Reʿis, The Book of Bahriye*, S. 11.

[10] a. a. O. S. 203–204.

[11] Zu Maṭrāqci Naṣūh vgl. J.M. Rogers, „Itineraries and Town Views in Ottoman Histories", in: Harley / Woodward (Hgg.), *History of Cartography* Bd. 2, Buch 1: *Carto-*

graphy in the Traditional Islamic and South Asian Societies, S. 228–255.

[12] Henghar Watenpaugh, *The Image of an Ottoman City: Imperial Architecture and Urban Experience in Aleppo in the 16th and 17th Centuries.* Boston, MA (Brill) 2004, S. 227.

[13] Giancarlo Casale, *The Ottoman Age of Exploration.* Oxford / New York (Oxford University Press) 2010.

[14] Zur Verbindung zwischen Pīrīs Karten und der imperialen Politik vg. Pinar Emiralioğlu, *Geographical Knowledge and Imperial Culture in the Early Modern Ottoman Empire.* Burlington, VT (Ashgate) 2014.

6 Ein Astrolab für den Shah

[1] Zu islamischen Astrolabien vgl. Emilie Savage-Smith, „Celestial Mapping", in Harley / Woodward (Hgg.), *History of Cartography* Bd. 2, Buch 1: *Cartography in the Traditional Islamic and South Asian Societies*, S. 12–70, sowie die Astrolabe-Homepage auf der Website des History of Science Museum (www.mhs.ox.ac.uk/astrolabe, Zugriff 18. Februar 2019).

[2] Eine genaue Anleitung zum Gebrauch eines Qibla-Quadranten liefert Emily Winterburn, „Using an Astrolabe", http://muslimheritage.com/article/using-astrolabe; Zugriff 18. Februar 2019.

[3] Vgl. etwa das von Hamid Zarrabi-Zadeh entwickelte eQibla 1.0 (http://eqibla.com) und Qiblaway, das die Software Google Maps zur Berechnung der Qibla-Richtung über Längen- und Breitenwerte für den kürzesten Abstand nutzt (www.qiblaway.com).

[4] Den gesamten Text der Aufschrift bietet der Eintrag für das Schah-ʿAbbās-II.-Astrolab auf der Website des History of Science Museum: www.mhs.ox.ac.uk/astrolabe/catalogue/browseReport/Astrolabe_ID=260.html; Zugriff 18. Februar 2019.

[5] Auf dem Instrument für Schah ʿAbbās haben drei verschiedene Beteiligte ihren Namen hinterlassen, was die komplizierte Herstellung spiegelt: Der Instrumentenmacher des Astrolabs war Muḥammad Muqīm aus Yazd, der Graveur Faḍl Allāh aus Sabzawār und der für die Arbeit verantwortliche Hofastronom Muḥammad Shāfiʿ aus Dschunābid.

[6] Die besten kurz gefassten Einleitungen zur Geschichte der Karten mit Gebetsrichtung bieten David A. King, „Makka: 4. As the Centre of the World", in *Encyclopaedia of Islam*, 2. Aufl.; David A. King / Richard P. Lorch, „Qibla Charts, Qibla Maps, and Related Instruments", in: Harley / Woodward (Hgg.), *History of Cartography* Bd. 2, Buch 1: *Cartography in the Traditional Islamic and South Asian Societies*, S. 189–205; sowie Antrim, *Mapping the Middle East,* S. 53–57. David King hat viel zum Thema publiziert, und ein Großteil der folgenden Ausführungen beruht auf seinen zahlreichen Beiträgen, gesammelt als *In Synchrony with the Heavens: Studies in Astronomical Timekeeping and Instrumentation in Medieval Islamic Civilization.* (2 Bde,) Leiden (Brill) 2004. Vgl. auch Mònica Rius, *La alqibla en al-Andalus y al-Magrib al-Aqsà.* Barcelona (Universitat de Barcelona, Facultat de Filologia) 2000.

[7] Zur wechselnden Orientierung früher Moscheen David King, „From Petra Back to Makka: From ‚Pibla' back to Qibla", www. muslimheritage.com/article/from-petraback-to-makka; Zugriff 18. Februar 2019. Dieser Artikel kritisiert eine umstrittene Monographie, derzufolge die Muslime ursprünglich nach Petra im heutigen Jordanien gewandt gebetet hätten: Dan Gibson, *Early Islamic Qiblas: A Survey of Mosques Built between 1 AH/622 CE and 263 AH/876 CE.* Vancouver, BC (Independent Scholars Press) 2017.

[8] Vgl. die Erörterung dieses Bildschemas bei David King, *World Maps for Finding the Direction and Distance of Mecca: Innovation and Tradition in Islamic Science.* London / Leiden / Boston (Al-Furqān Islamic Heritage Foundation / Brill) 1999, S. 52.

[9] Ali Moussa, „Mathematical Methods in Abū al-Wafāʾ's Almagest and the Qibla Determinations". *Arabic Sciences and Philosophy* 21, 1 (2011), S. 1–56.

[10] Al-Dimyāṭī, *Kitāb al-Tahdhīb fī Adillat al-Qibla wa-Naṣb al-Maḥārīb*. Bodleian Library, MS Marsh 592, foll. 7b-21b.

[11] Venetia Porter (Hg.), *Hajj: Journey to the Heart of Islam*. London (British Museum Press) 2012, S. 64.

[12] Zu den Safawiden vgl. Andrew J. Newman, *Safavid Iran: Rebirth of a Persian Empire*. London (I. B. Tauris) 2006.

[13] Devin J. Stewart, „Notes on the Migration of ʿAmili Scholars to Safavid Iran". *Journal of Near Eastern Studies* 55 (1996), S. 98.

[14] Andrew J. Newman, „Towards a Reconsideration of the ‚Isfahān School of Philosophy': Shaykh Bahāʾī and the Role of the Safawid ʿUlamāʾ". *Studia Iranica* 15 (1986), S. 165–199.

[15] Newman, „Towards a Reconsideration of the ‚Isfahān School of Philosophy'".

[16] Abū Rashīd al-Nīsābūrī († ca.460/1068), *al-Masāʾil fī'l-Khilāf baina al-Basrīyīn wal-Baghdādīyīn*, hgg. Maʿn Ziyāda / Riḍwān al-Sayyid. Tripolis (Maʿhad al-Inmāʾ al-ʿArabī) 1979, S. 100–104. Den Hinweis verdanke ich Omar Anchassi.

[17] Afandī,ʿAbd Allāh ibn ʿĪsá († ca.1718), *Rīyāḍ al-ʿulamāʾ wa-Ḥiyāḍ al-fuḍalāʾ*, hg. von Aḥmad Ḥusaynī. Qum (Maṭbaʿat al-Khayyām) 1980, Bd. 2, S. 111.

[18] Abisaab, *Converting Persia: Religion and Power in the Safavid Empire*. London (I. B. Tauris) 2004, S. 33; 37; 51.

[19] Chardin, *Voyages du chevalier Chardin en Perse, et autres lieux de l'Orient.* Amsterdam 1735, Bd. IV, S. 332; zitiert nach H. Winter, „Persian Science in Safavid Iran", in: P. Jackson / L. Lockhart (Hgg.), *The Cambridge History of Iran,* Bd. 6. Cambridge (Cambridge University Press) 1986, S. 595.

[20] Diese Instrumente sind das Hauptthema einer wichtigen Monographie von David A. King, der sie der wissenschaftlichen Welt in *World Maps for Finding the Direction and Distance of Mecca* vorgestellt hat.

[21] King, *World Maps for Finding the Direction and Distance of Mecca*, S. 204.

[22] Diese Beobachtung verdanke ich Silke

Ackermann, der Direktorin des History of Science Museum in Oxford. Es beherbergt eine der weltweit größten Sammlungen von Qibla-Anzeigern.

[23] Porter (Hg.), *Hajj*, S. 118.

[24] Andere Traditionen, die in der frühen islamischen Literatur tatsächlich viel verbreiteter sind, sehen entweder Bagdad oder Jerusalem als Zentrum oder Nabel der Welt an. Vgl. Antrim, *Routes and Realms* S. 157, Anm. 36; A.J. Wensinck, *The Ideas of the Western Semites concerning the Navel of the Earth.* Amsterdam (Johannes Müller) 1916, S. 21; 36.

[25] Vgl. Ari Gordon, *Sacred Orientation: The Qibla as Ritual, Metaphor, and Identity Marker in Early Islam*. Diss. University of Pennsylvania 2018.

Weiterführende Literatur

Abisaab, Rula, *Converting Persia: Religion and Power in the Safavid Empire.* London (I.B. Tauris) 2004.

Abu-ʿUksa, Wael, „Lives of Frankish Princes from al-Ṣafadī's Biographical Dictionary, *al-Wāfī bil-Wafayāt*". *Mediterranean Historical Review* 32, 1 (2017), S. 83–104.

Ahmad, S. Maqbul, „Cartography of al-Sharīf al-Idrīsī", in: J.B. Harley / David Woodward (Hgg.), *History of Cartography* Bd. 2, Buch 1: *Cartography in the Traditional Islamic and South Asian Societies.* Chicago, IL (University of Chicago Press) 1992, S. 156–174.

al-Idrīsī, Muḥammad ibn Muḥammad, *La première géographie de l'Occident* (übs. Amédée Jaubert, rev. Henri Bresc / Annliese Nef). Paris (Flammarion) 1999.

ders., *Nuzhat al-Mushtāq fī Ikhtirāq al-Āfāq: opus geographicum, sive „Liber ad eorum delectationem qui terras peragrare studeant"* (9 Teile in 2 Bden.), hgg. Alessio Bombaci / Umberto Rizzitano / Roberto Rubinacci / Laura Veccia Vaglieri. Napoli (Istituto Universitario Orientale di Napoli / Istituto Italiano per il Medio ed Estremo Oriente) 1970–76.

Ali, Tariq, *A Sultan in Palermo.* London / New York (Verso) 2006. [dt. *Der Sultan von Palermo* (übss. Ursula Pesch / Karin Schuler). München (Diederichs) 2005.]

al-Muqaddasī, *The Best Divisions for Knowledge of the Regions: A Translation of 'Aḥsan al-Taqāsīm fī Maʿrifat al-Aqālīm'* (übs. Basil Anthony Collins, rev. Muhammad Hamid al-Tai). Reading (Garnet Publishing / Centre for Muslim Contribution to Civilization) 1994.

Amara, Alloua / Annlies Nef, „Al-Idrisi et les Hammudides de Sicile: nouvelles données biographiques sur l'auteur du Livre de Roger". *Arabica* 48 (2001), S. 121–127.

Antrim, Zayde, *Mapping the Middle East.* London (Reaktion Books) 2018.

dies., *Routes and Realms: The Power of Place in the Early Islamic World.* Oxford (Oxford University Press) 2012.

Beeston, A.F.L., „Idrisi's Account of the British Isles". *Bulletin of the School of Oriental and African Studies* 13, 2 (1950), S. 265–280.

Benchekroun, Chafik, „Requiem pour Ibn Hauqal: sur l'hypothèse de l'espion fatimide". *Journal Asiatique* 304, 2 (2016), S. 193–211.

Blake, Stephen, *Time in Early Modern Islam: Calendar, Ceremony, and Chronology in the Safavid, Mughal, and Ottoman Empires.* Cambridge (Cambridge University Press) 2013.

Brotton, Jerry, *A History of the World in Twelve Maps.* London (Penguin Books) 2013. [dt. *Die Geschichte der Welt in zwölf Karten* (übs. Michael Müller). München (Bertelsmann) 2014]

Buondelmonti, Cristoforo, *Description of the Aegean and Other Islands* (hg. + übs. Evelyn Edson). New York (Italica Press) 2018.

Casale, Giancarlo, *The Ottoman Age of Exploration.* Oxford / New York (Oxford University Press) 2010.

Daftary, Farhad, *The Ismaʿilis: Their History and Doctrines.* Cambridge (Cambridge University Press) 2. Aufl. 2007.

Ducène, Jean-Charles, *L'Europe et les géographes arabes du Moyen Age (IXe–XVe siècle): „la grande terre" et ses peuples: conceptualisation d'un espace ethnique et politique.* Paris (CNRS) 2018.

Emiralioğlu, M. Pinar, *Geographical Knowledge and Imperial Culture in the Early Modern Ottoman Empire.* Burlington, VT (Ashgate) 2014.

Gautier-Dalché, Patrick, *La géographie de Ptolémée en Occident (IVe–XVIe siècle).* Turnhout (Brepols) 2009.

Harley, J. B. / David Woodward (Hgg.), *History of Cartography*, Bd. 2, Buch 1: *Cartography in the Traditional Islamic and South Asian Societies.* Chicago, IL (University of Chicago Press) 1992.

Ibn al-Mujāwir, Yūsuf ibn Yaʿqūb, *A Traveller in Thirteenth-Century Arabia: Ibn al-Mujāwir's 'Tārīkh al-Mustabṣir'* (übs. G. Rex Smith). London (Routledge) 2017.

Kahlaoui, Tarek, *Creating the Mediterranean: Maps and the Islamic Imagination.* Leiden / Boston (Brill) 2018.

ders., „The Maghrib's Medieval Mariners and Sea Maps". *Journal of Historical Sociology* 30 (2017), S. 43–56.

Kennedy, E.S. / M.H. Kennedy, *Geographical Coordinates of Localities from Islamic Sources.* Frankfurt am Main (Institut für Geschichte der Arabisch-Islamischen Wissenschaften an der Johann Wolfgang Goethe-Universität) 1987.

King, David A., „Astronomy in the Service of Islam", Vortrag vor der al-Furqān Islamic Heritage Foundation. London, 7. März 2018; www.al-furqan.com/gallery/id/2668/filetype/video; Zugriff 18. Februar 2019.

ders., „From Petra Back to Makka: From ‚Pibla' back to Qibla" [Kritik an Dan Gibson, *Early Islamic Qiblas: A Survey of Mosques Built between 1ah/622 ce and 263 ah/876 ce.*], www. muslimheritage.com/article/from-petra-back-to-makka; Zugriff 18. Februar 2019.

ders., *In Synchrony with the Heavens: Studies in Astronomical Timekeeping and Instrumentation in Medieval Islamic Civilization.* (2 Bde.) Leiden (Brill) 2004.

ders., *World Maps for Finding the Direction and Distance of Mecca: Innovation and Tradition in Islamic Science*. London / Leiden / Boston (al-Furqān Islamic Heritage Foundation / Brill) 1999.

King, David A. / Richard P. Lorch, „Qibla Charts, Qibla Maps, and Related Instruments", in: Harley / Woodward (Hgg), *History of Cartography 2.1: Cartography in the Traditional Islamic and South Asian Societies* (s.o.), S. 189–205.

McIntosh, Gregory C., *The Piri Reis Map of 1513.* Athens, GA (University of Georgia Press) 2000.

Newman, Andrew J., *Safavid Iran: Rebirth of a Persian Empire.* London (I. B. Tauris) 2006.

ders., „Towards a Reconsideration of the ‚Isfahān School of Philosophy': Shaykh Bahāʾī and the Role of the Safawid ʿUlamāʾ". *Studia Iranica* 15 (1986), S. 165–199.

Öĩzen, Mine Esiner, *Pirî Reis and his Charts.* Istanbul (N. Refioğlu) 1998.

Pinto, Karen, *Medieval Islamic Maps: An Exploration.* Chicago, IL / London (University of Chicago Press) 2016.

Pîrî Reis, *The Book of Bahriye* (hg. + übs. Bülent Özükan). Istanbul (Boyut Yayınları) [2013].

Porter, Venetia (Hg.), *Hajj: Journey to the Heart of Islam.* London (British Museum Press) 2012.

Rapoport, Yossef / Emilie Savage-Smith (Hgg. + Übss.), *An Eleventh-Century Egyptian Guide to the Universe: The 'Book of Curiosities'.* (Islamic Philosophy, Theology and Science, Texts and Studies 87.) Leiden (Brill) 2014.

diess., *Lost Maps of the Caliphs: Drawing the World in Eleventh-Century Cairo.* Chicago, IL (University of Chicago Press) / Oxford (Bodleian Library) 2018.

Rogers, J. M., „Itineraries and Town Views in Ottoman Histories", in: Harley / Woodward (Hgg), *History of Cartography 2.1: Cartography in the Traditional Islamic and South Asian Societies* (s.o.), S. 228–255.

Sarıcaoğlu, Fikret, *Pîrî Reîs'in dünya haritası 1513 = The World Map of Pîrî Reîs 1513.* Ankara (T. C. Kültür ve Turizm Bakanlığı) 2014.

Savage-Smith, Emilie, „Celestial Mapping", in: Harley / Woodward (Hgg), *History of Cartography 2.1: Cartography in the Traditional Islamic and South Asian Societies* (s.o.), S. 12-70.

dies., „Memory and Maps", in: Farhad Daftary / Josef W. Meri (Hgg.), *Culture and Memory in Medieval Islam: Essays in Honour of Wilferd Madelung.* London (I. B. Tauris) 2003, S. 109–127 mit Abb. 1–4.

Sezgin, Fuat, *Mathematical Geography and Cartography in Islam and their Continuation in the Occident.* (3 Bde.) = englische Übersetzung von Bd. 10–12 der *Geschichte des arabischen Schrifttums.* Frankfurt am Main (Institute for the History of Arabic-Islamic Science) 2000–2007.

Soucek, Svat, „Islamic Charting in the Mediterranean", in: Harley / Woodward (Hgg), *History of Cartography 2.1: Cartography in the Traditional Islamic and South Asian Societies* (s. o.), S. 263-287.

Soucek, Svat, *Piri Reis and Turkish Mapmaking after Columbus.* Oxford (Oxford University Press) 1996.

Tibbetts, Gerald R., „The Balkhī School of Geographers", in: Harley / Woodward (Hgg), *History of Cartography 2.1: Cartography in the Traditional Islamic and South Asian Societies* (s. o.), S. 108-136.

ders., „The Beginnings of a Cartographic Tradition", in: a. a. O. 90–107.

ders., „Later Cartographic Developments", in: a. a. O. 137–155.

Winterburn, Emily. „Using an Astrolabe". Muslim Heritage, http://muslimheritage.com/article/using-astrolabe; Zugriff 18. Februar 2019.

Zadeh, Travis, „Of Mummies, Poets, and Water Nymphs: Tracing the Codicological Limits of Ibn Khurradādhbih's Geography", in: Monique Bernards (Hg.), *ʿAbbasid Studies IV: Occasional Papers of the School of ʿAbbasid Studies (Leuven, July 5-July 9, 2010).* Warminster (Gibb Memorial Trust) 2013, S. 8–75.

Register

Dank

Mit der Idee zu diesem Buch ist Samuel Fanous, Head of Publishing für die Bodleian Library, vor vielen Jahren an mich herangetreten. Seitdem hat er mich sanft, aber hartnäckig vorwärtsgeschoben, bis sie Wirklichkeit wurde. Dafür bin ich ihm sehr dankbar. Ein großes Vergnügen war die Arbeit mit meinen Lektorinnen bei Bodleian Library Publishing – mit Janet Phillips, Deborah Susman und besonders Leanda Shrimpton, die unermüdlich das perfekte Bild zu meinen Worten gefunden haben.

Im Lauf der Entstehung dieses Buches habe ich sehr von Rat und Erfahrung meiner Kolleg*innen in der Kartographiegeschichte profitiert. Zayde Antrim hat ihr umfassendes Wissen zur islamischen Kartentradition großzügig mit mir geteilt, und ihrem konzeptionellen Rahmen verdanke ich viel. Sehr dankbar bin ich Nadja Danilenko, die nach Durchsicht einer Rohfassung von Kapitel 2 zahlreiche Vorschläge und Korrekturen angebracht hat. Ari Gordon gewährte mir Einblick in seine Studien voller Denkanstöße zur Qibla als Metapher und Identitätsstifter. Omar Anchassi öffnete mir die Augen für die mittelalterlichen Anhänger der Vorstellung einer flachen Erde im Islam. Meine Kollegen und Freunde aus der Kartographiegeschichte an der Queen Mary University London, Jerry Brotton und Alfred Hiatt, sind außerordentlich hilfreich gewesen. Besonderen Dank schulde ich außerdem Silke Ackermann in Oxford, der Direktorin des History of Science Museum, und Nick Millea, dem Leiter der Kartensammlung an der Bodleiana, die mich durch ihre Sammlungen geführt haben.

Vor allem stehe ich tief in der Schuld, was die Großherzigkeit und das enorme Wissen von Emily Savage-Smith angeht, der legendären Professorin für Geschichte der islamischen Naturwissenschaften in Oxford, die mich vor zwanzig Jahren in das Forschungsgebiet der islamischen Kartographie einführte und mir seitdem stets neue Wege gewiesen hat. Ihre beständige Forderung, dass man die mittelalterliche islamische Naturwissenschaft als Wissenschaft und Kunst zugleich betrachten und in ihre historischen Zusammenhänge einbetten muss, hat den Ansatz dieses Buches geprägt. Ich bin sehr glücklich, sie als Lehrerin, Mitautorin und Freundin gewonnen zu haben.

Die englische Originalausgabe ist 2020 bei
Bodleian Library, Broad Street, Oxford OX1 3BG, England
unter dem Titel Islamic Maps erschienen.

Die Deutsche Nationalbibliothek verzeichnet diese Publikation in der Deutschen Nationalbibliographie; detaillierte bibliographische Daten sind im Internet über www.dnb.de abrufbar.

wbg Edition ist ein Imprint der wbg.

Die Herausgabe des Werks wurde durch die Vereinsmitglieder der wbg ermöglicht.

Lektorat: Hannes Möhring, Bayreuth
Gestaltung und Satz: schreiberVIS, Seeheim
Umschlaggestaltung: Jutta Schneider, Frankfurt a. M.
Umschlagmotiv: Die Weltkarte des Sharīf al-Idrīsī aus *Unterhaltung für jenen, der sich danach sehnt, die Welt zu bereisen*, Abschrift von 1553. Bodleian Library
Gedruckt auf säurefreiem und alterungsbeständigem Papier
Printed in Germany

Besuchen Sie uns im Internet: www.wbg-wissenverbindet.de

ISBN 978-3-534-27205-1